スラスラ読める

Python ふりがなプログラミング

FURI GANA

〔増補改訂版〕

株式会社ビープラウド・監修　リブロワークス・著

インプレス

監修者プロフィール

株式会社ビープラウド

ビープラウドは2008年にPythonを主言語として採用、優秀なPythonエンジニアがより力を発揮できる環境作りに努めています。Pythonに特化したオンライン学習サービス「PyQ（パイキュー）」、システム開発者向けクラウドドキュメントサービス「TRACERY（トレーサリー）」、研修事業などを通して技術・ノウハウを発信しています。また、IT勉強会支援プラットフォーム「connpass（コンパス）」の開発・運営や勉強会「BPStudy」の主催など、コミュニティ活動にも積極的に取り組んでいます。

- Webサイト：https://www.beproud.jp/
- PyQ：https://pyq.jp/
- TRACERY：https://tracery.jp
- connpass：https://connpass.com/
- BPStudy：https://bpstudy.connpass.com/

※「PyQ」「TRACERY」「connpass」は、株式会社ビープラウドの登録商標です。

監修メンバー：鈴木たかのり（@takanory）、横山直敬（@NaoY_py）、降籏 洋行、
西川公一朗（@k_nishikawan）、Yukie

読者のみなさまは、PyQ™の一部の機能を3日間無料で体験できます。Pythonをブラウザ上で学べますので、ぜひチャレンジしてください。無料体験はhttps://pyq.jp/にアクセスして「学習を始める」ボタンをクリックし、画面の案内にしたがってキャンペーンコード「furipy」を入力してください。体験するにはクレジットカードの登録が必要です。

著者プロフィール

リブロワークス

書籍の企画、編集、デザインを手がけるプロダクション。手がける書籍はスマートフォン、Webサービス、プログラミング、WebデザインなどIT系を中心に幅広い。著書に『やさしくわかるPythonの教室』（技術評論社）、『解きながら学ぶPythonつみあげトレーニングブック』（マイナビ出版）、『みんなが欲しかった！ ITパスポートの教科書&問題集 2021年度』（TAC出版）など。
https://www.libroworks.co.jp
※「ふりがなプログラミング」は株式会社リブロワークスの登録商標です。

はじめに

Pythonの入門者向け書籍がたくさん出版されている中、『スラスラ読める Pythonふりがなプログラミング 増補改訂版』をお手にとっていただき、ありがとうございます。

本書はプログラミングへの第一歩を踏み出す方に向けて書かれた書籍です。プログラミングに対して「なんだか難しそう」というイメージを持っている人から、そのイメージを払拭することを目指しています。

Pythonを含むほとんどのプログラミング言語は英語と数字、記号を組み合わせて書かれているため、初学者にとっては意味のわからない文字の羅列に見えることでしょう。本書ではプログラムの上に日本語のふりがなを振ることで、プログラムの意味を日本語でとらえられるようにしています。それを繰り返し目にすることで、自然とプログラムの意味を理解できます。また増補改訂にあたって、ふりがな付きプログラムが読みやすくなるよう紙面デザインを改良しました。

PythonはWeb開発やデータ分析、機械学習、IoTなど幅広い分野で注目されています。今回の増補改訂版では、データ分析へのはじめの一歩を踏み出すための章を追加しました。統計情報とグラフ、2つの観点からPythonによるデータ分析の一端を体験できます。

本書でPythonの基本を学んだあとには、Pythonを応用できるさまざまな可能性に満ちた世界が待っています。見たことのない機能や予想外のエラーに遭遇することもありますが、そんなときにはPythonユーザーが主催するコミュニティ※に参加することをおすすめします。

Pythonのユーザーコミュニティは活発に勉強会やイベントを開催しています。

国内最大のPythonカンファレンス「PyCon JP」や各自の勉強や開発を進める「もくもく会」、Python情報サイトPython.jpが運営するチャットなどがあります。

このような場には初学者からプロフェッショナルまでたくさんのPythonユーザーが集まっています。学んでいることや疑問を共有してアドバイスを得ることができますし、自分の学んでいることが他の誰かのヒントになるかもしれません。コミュニティの力を活用して学びを加速させましょう。

Pythonはシンプルな文法と幅広い応用分野が特徴ですので、読者のみなさまがプログラミングで実現したいことを達成する手段が見つかることでしょう。本書がみなさまをPythonの広大な世界の入り口へ導く一冊となることができれば幸いです。

2021年6月　ビープラウド

※ Pythonユーザーコミュニティの一覧：https://www.python.jp/pages/community.html

CONTENTS

Chapter 2

条件によって分かれる文を学ぼう

Chapter 3

繰り返し文を学ぼう

Chapter 5

標準ライブラリを使ってみよう

Chapter 6

データ分析に挑戦してみよう

プログラムの読み方

本書では、プログラム（ソースコード）に日本語の意味を表す「ふりがな」を振り、さらに文章として読める「読み下し文」を付けています。ふりがなを振る理由については12ページをお読みください。また、サンプルファイルのダウンロードについては207ページで案内しています。

Python
FURIGANA PROGRAMMING

Chapter 1

Python 最初の一歩

NO 01

Pythonってどんなもの？

Pythonといえば機械学習とデータ分析ってイメージがあると思うけど……

いきなりそんなムズカシソウなのは無理ですよ。先輩がプログラミングは簡単に覚えられるっていうから来たのに

大丈夫。Pythonは日常のちょっとした仕事の自動化にも向いてるんだよ。基礎から順番に覚えていけば大丈夫さ

Pythonを覚えるとできること

Pythonは機械学習やデータ分析といったキーワードと共に、ここ数年急速に国内での人気が高まっているプログラミング言語です。しかし、その誕生は1991年と意外に古く、日本で先に普及していたJavaやJavaScriptよりも前に生まれています。また、機械学習やデータ分析といった研究用途での実績が多いのは事実ですが、研究専用の言語ではありません。もともと読みやすくて気軽に書け、日常的なタスクを自動化できるようにするという方針で作られたので、とても幅広いシチュエーションで利用できます。

例えば、次のようなルーティンワークの自動化はPythonの得意とするところです。ライブラリというプログラムの部品（Chapter 5参照）を取り込むだけで簡単に処理することができます。

- **テキストファイルやExcelなどのファイルを加工する**
- **インターネットからデータを集める**
- **画像のサイズをまとめて変更する**

また、Webサービスを開発するための言語としての需要も伸びています。

Pythonの特徴をひとことで表せば、研究からビジネスまでの幅広い分野で、ちょっとした仕事を頼める気の利いた相棒というところでしょうか。

へー、そんないろいろできるんですか。けっこう便利そうですね

そう、とりあえず簡単な仕事の自動化から始めて、少しずつ専門的な世界に広げていけるフトコロの深さがあるんだ

Pythonは読みやすい

Pythonというプログラミング言語の特徴は、「読みやすさ」を重視しているという点です。行頭の字下げでプログラムの構造（ブロック）を表すなどルールを簡単にして、誰が書いても同じになることを目指しているため、それが読みやすさにつながっています。また、()（カッコ）や{}（波カッコ）などの記号が少ないので、記号がどういう意味を持つのかと迷わずに済むのも利点です。

Pythonの例

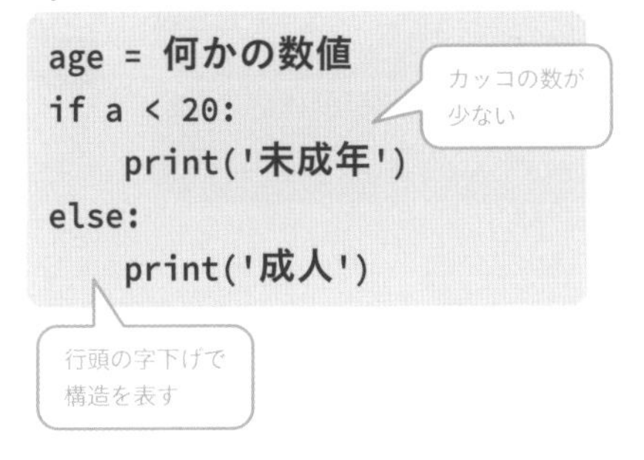

```
age = 何かの数値
if a < 20:
    print('未成年')
else:
    print('成人')
```


JavaScriptの例

```
let age = 何かの数値;
if(a < 20){
    console.log('未成年');
} else {
    console.log('成人');
}
```

行頭の字下げは見やすくするためのもので、構造を表すのはカッコなどの記号

コマンドプロンプトにも慣れよう

Pythonのプログラムは、Windowsの「コマンドプロンプト」やMacの「ターミナル」などのCLI（Command Line Interface）ツールから利用することがよくあります。CLIとは、文字（Character）で指示をして、文字で結果を受けとるユーザーインターフェースのことです。本書ではCLIツールをほとんど使わずに解説しますが、本書を読み終えたあとで使い方を覚える心構えをしておきましょう。

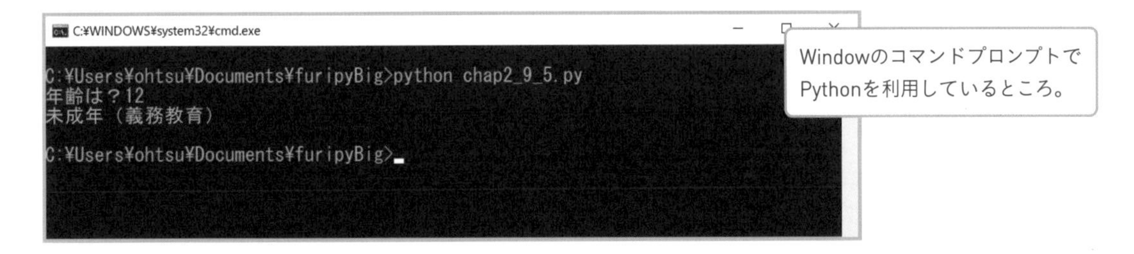

Windowのコマンドプロンプトで Pythonを利用しているところ。

こういう真っ黒な画面がビックリするんですよねー

わかる。最初はとまどうよね。でも、アイコンをクリックする代わりに「プログラムのファイル名を指定してるだけ」なんだよ

NO 02

本書の読み進め方

プログラムにふりがなが振ってあると簡単そうに見えますね。でも、本当に覚えやすくなるんですか？

身もフタもないことを聞くね……。ちゃんと理由があるんだよ

繰り返し「意味」を目にすることで脳を訓練する

プログラミング言語で書かれたプログラムは、英語と数字と記号の組み合わせです。知らない人が見ると意味不明ですが、プログラマが見ると「それが何を意味していてどう動くのか」をすぐに理解できます。とはいえ最初から読めたはずはありません。プログラムを読んで入力して動かし、エラーが出たら直して動かして……を繰り返して、脳を訓練した期間があります。

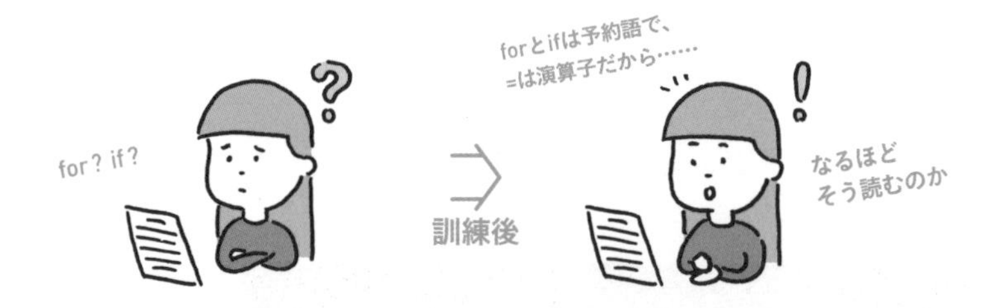

逆にいうと、初学者が挫折する大きな原因の1つは、十分な訓練期間をスキップして短時間で理屈だけを覚えようとすることです。そこで本書では、プログラムの上に「意味」を表す日本語のふりがなを入れました。例えば「=」の上には必ず「入れろ」というふりがながあります。これを繰り返し目にすることで、「=」は「変数に入れる」という意味だと頭に覚え込ませます。

```
変数answer  入れろ 数値10
answer = 10
```

プログラムは英語に似ている部分もありますが、人間向けの文章ではないので、ふりがなを振っただけでは意味が通じる文になりません。そこで、足りない部分を補った読み下し文もあわせて掲載しました。

■読み下し文

数値10を変数answerに入れろ

プログラムを見ただけでふりがなが思い浮かべられて、読み下し文もイメージできれば、「プログラムを読めるようになった」といえます。

実践で理解を確かなものにする

プログラムを読めるようになるのは第一段階です。最終的な目標はプログラムを作れるようになること。実際にプログラムを入力して何が起きるのかを目にし、自分の体験として感じましょう。本書のサンプルプログラムは10行もない短いものばかりですから、すべて入力してみてください。

プログラムは1文字間違えてもエラーになることがありますが、それも大事な経験です。何をすると間違いになるのか、自分が起こしやすいミスは何なのかを知ることができます。とはいえ、最初はエラーメッセージを見ると焦ってしまうはずです。そこで、各章の最後に「エラーを読み解いてみよう」という節を用意しました。その章のサンプルプログラムを入力したときに起こしがちなエラーをふりがな入りで説明しています。つまずいたときはそこも読んでみてください。

また、章末には「復習ドリル」を用意しました。その章のサンプルプログラムを少しだけ変えた問題を出しているので、ぜひ挑戦してみましょう。

スポーツでも、本を読むだけじゃ上達しないのと同じですね。実際にやってみないと

そうそう。脳も筋肉と同じで、繰り返しの訓練が大事なんだよね

難しいこともやってみたい

基礎が大事とはいえ、プログラミングを覚えるからには「やってみたいこと」があるはずです。Pythonなら機械学習かデータ分析あたりでしょうか。本書でも最後のChapter 6で、pandasというライブラリを使用したデータ分析を解説します。

購入者アンケートを分析する仕事があるので、Pythonでのやりかたを教えてください！

NO 03 Pythonのインストール

何はともあれ、まずはPythonのインストールから始めよう

え、Pythonってもともとパソコンに入ってないんですか？　買わないといけないんでしょうか？

インストールはそう難しくないし、無料で使えるから心配しなくていいよ

Pythonをダウンロードする

Pythonで書かれたプログラムを動かすには、それを解釈してパソコンに指示を伝える通訳プログラム（インタープリタ）が必要です。公式サイト（https://www.python.org/downloads/）から無料で入手できます。

本書では、Python 3.xの最新バージョンをダウンロードしてください。3.9.xをベースに解説するので、それより新しいバージョンなら大丈夫です。公式サイトにWebブラウザでアクセスすると、使用環境に対応したものをダウンロードするボタンが表示されます。

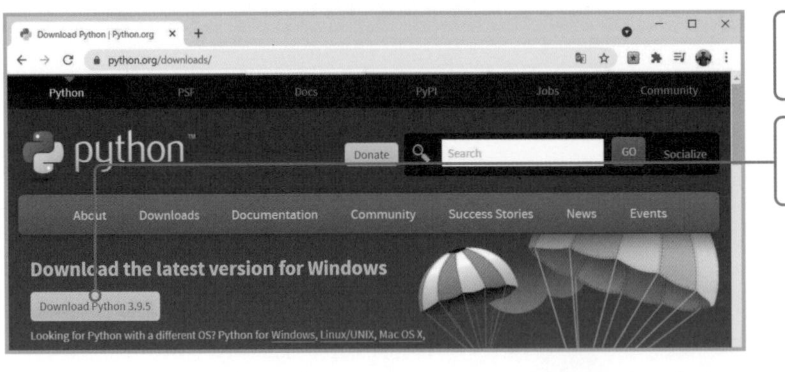

❶ブラウザで公式サイトを表示

❷［Download Python 3.x.x］をクリック

❸ファイルをクリック

Pythonをインストールする

Pythonのインストールは、基本的に画面の表示にしたがって操作を進めていけば完了します。本書ではインストールのオプションを変更する必要はありません。ただし、Windowsのコマンドプロンプトなどから Pythonを利用する可能性は高いので、[Add Python 3.x to PATH] にチェックマークを付けてインストールすることをおすすめします。

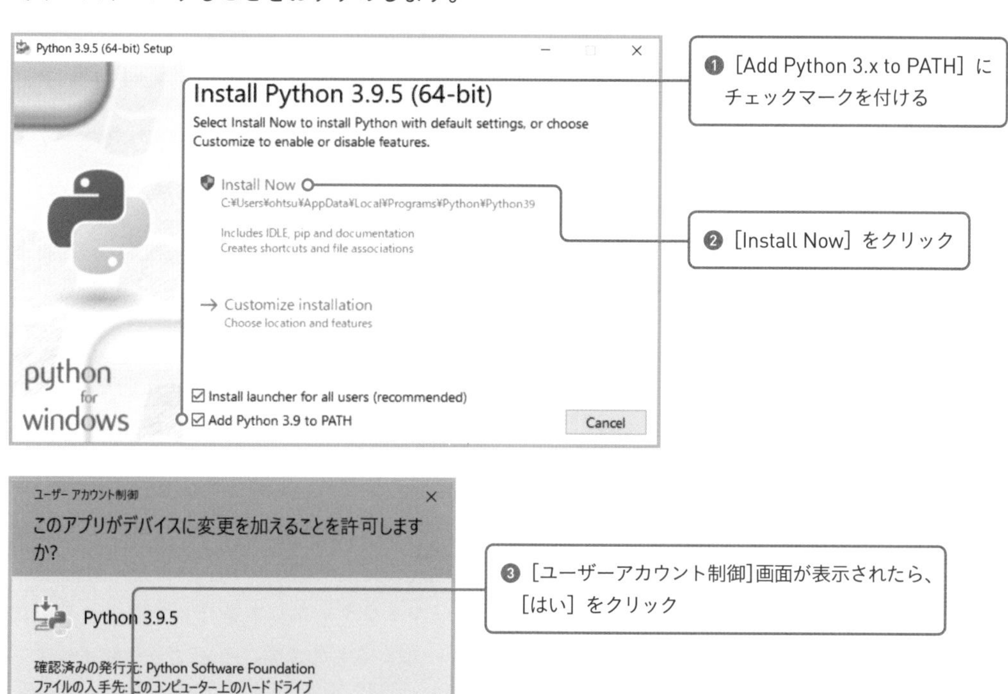

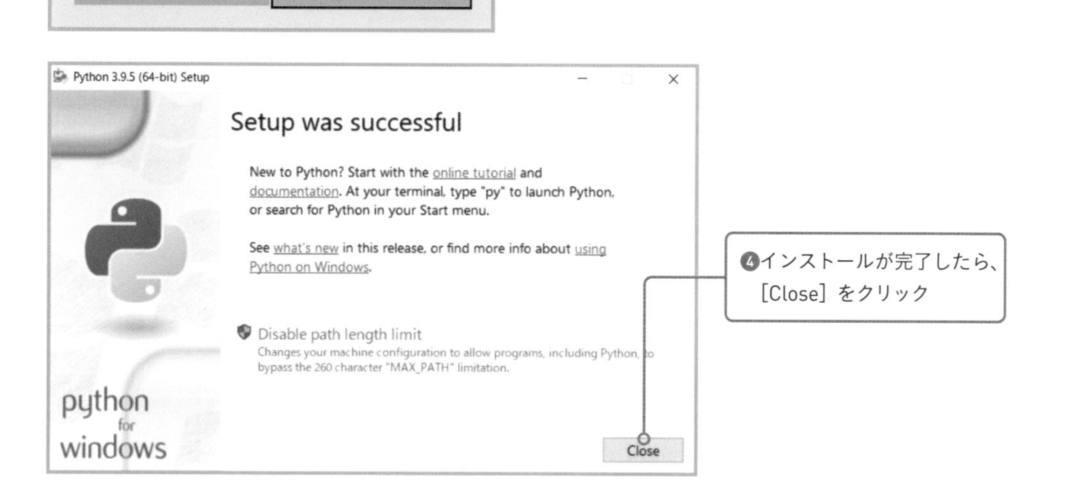

Macの場合は？

Macには標準でPythonがインストールされています。しかしバージョンが古いので、公式サイトから最新バージョンをダウンロードすることをおすすめします。ダウンロードまでの手順はWindowsと変わりません。ダウンロードしたファイルをダブルクリックすると、インストーラが実行されます。

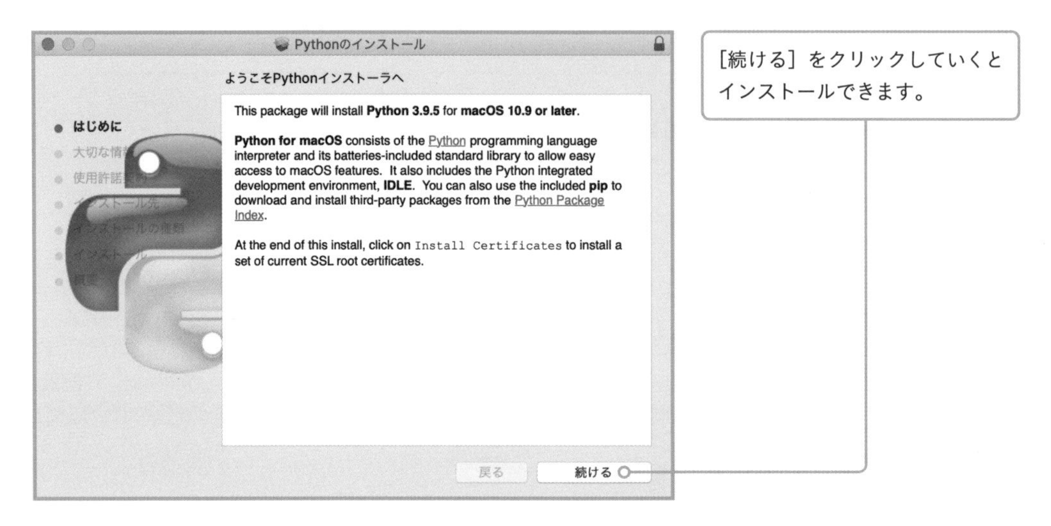

インストールが完了すると、［アプリケーション］フォルダ内に［Python 3.x］フォルダが作られます。Mac版のIDLE（18ページ参照）はここから起動してください。また、最初に「Install Certificates.command」をダブルクリックしてください。これはPythonがインターネットを介して通信する際に使うSSL証明書（セキュリティ関連のファイル）をインストールするものです。ライブラリをインストールする際に必要となります。

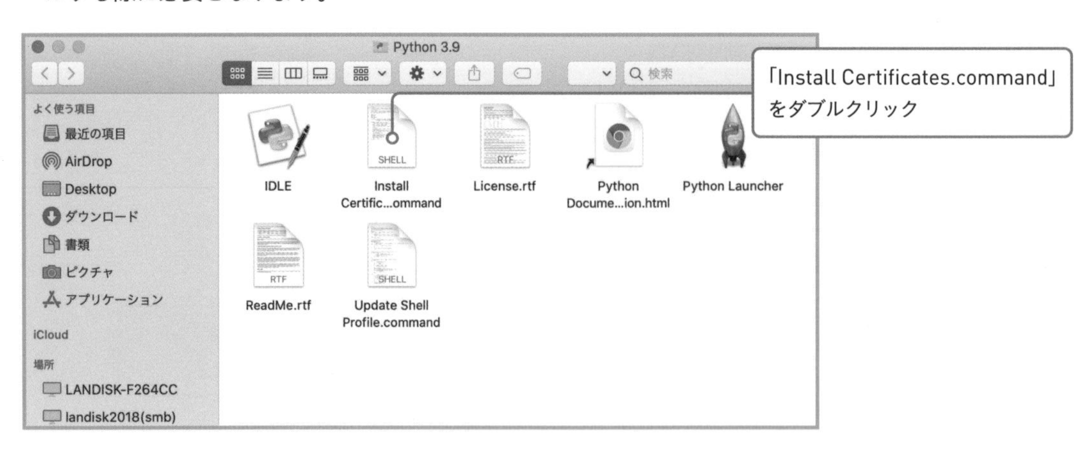

本格的に開発するならテキストエディタも必要

本書の次ページ以降では、Pythonに付属するIDLE（アイドル）という開発ツールを利用します。学習用のツールとしてはシンプルでいいのですが、本格的な開発になると機能不足は否めません。本格的な開発ツールで、最近人気があるのがマイクロソフト製の無料テキストエディタVisual Studio Code（以降VSCode）です。テキストエディタなので基本はプログラムファイルを編集できるだけなのですが、Pythonなどのさまざまなプログラムの開発を支援する機能がたくさん盛り込まれています。さらなるステップアップを目指す方におすすめです。

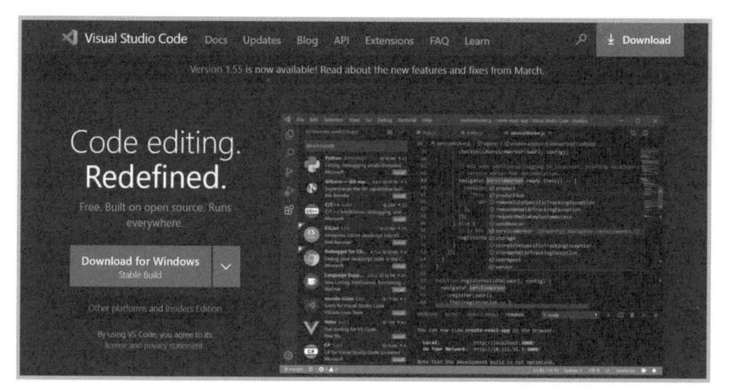

VSCode公式サイト（https://code.visualstudio.com/）

便利なんだったら最初からこれを使えばいいんじゃないですか？

もちろんそれもアリだよ。ただ、機能が豊富すぎて、慣れていない人だととまどうこともあるんだよね。ちょっと試してみて行けそうだったら、VSCodeで勉強してもオッケーだよ

プログラムとソースコード

本書ではざっくり「プログラム」と呼んでいますが、プログラムという言葉は、プログラミング言語で書かれた「ソースコード」と、CPUが理解できる「実行ファイル」の両方を指します。ソースコードは人間が読み書きするためのもので、実行ファイルはCPUが解釈して実行するためのものです。ソースコード（Source Code）は「源となる記号（暗号）」という意味です。プログラミング言語によってはコンパイラ（翻訳プログラム）を使って、プログラミング言語をマシン語の実行ファイルに変換してから実行するため、実行ファイルの源になるものという意味で名付けられました。Pythonの場合はコンパイラを使いませんが、それでもソースコードと呼びます。
また、似た用語に「スクリプト」という言葉もありますが、ソースコードとほぼ同じ意味です。

NO 04

最初のプログラムを入力する

IDLE（アイドル）を使って、プログラムを書いてみよう！

え？　Pythonの他に何か必要なんですか？

いやいや、IDLEはPythonに含まれているものだよ。これでプログラムを書いたり、書いたプログラムを実行したりできるんだ

IDLEを起動する

IDLEはPythonに付属する開発ツールで、プログラムを実行する「シェル」と、プログラムを書くためのエディタで構成されています。同様の役割を持つツールは他にもありますが、IDLEはPythonさえインストールすればすぐに使い始められる点が魅力です。

エディタウィンドウを表示する

IDLEを起動すると、「IDLE Shell 3.x.x」というタイトルのウィンドウが表示されます（本書では「シェルウィンドウ」と呼びます）。Shell（シェル）は人間からの命令（コマンド）を受け付けるための対話型プログラムで、**Pythonのプログラムを動かした結果はシェルウィンドウに表示されます**。IDLEの起動時にウィンドウに表示されているのは、Pythonのバージョンとライセンス情報などなので、今は無視してかまいません。

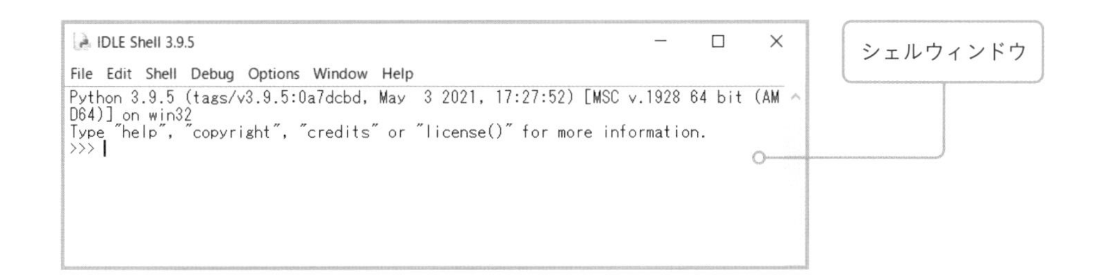

「シェル」って貝殻って意味でしたっけ？

それもあるけど、語源は果実の種の「殻」なんだ。プログラムの外側にある、人間と触れる部分って意味で名付けられたらしい

IDLEにはPythonのプログラムを書くためのテキストエディタの機能があります。本書ではそれを「エディタウィンドウ」と呼びます。シェルウィンドウからエディタウィンドウを表示しましょう。

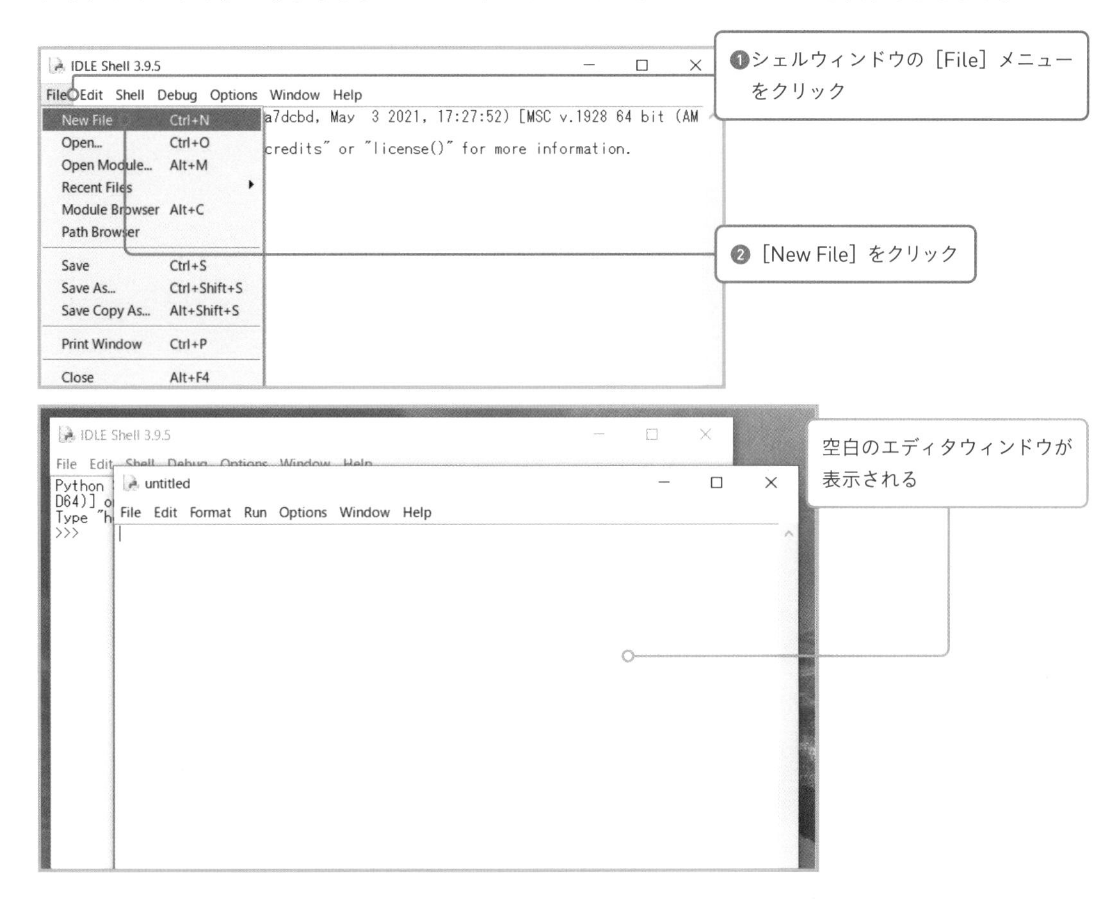

ん？　同じウィンドウが2つ開いたんですか？

よく見るとタイトルバーやメニューバーの内容が違うよ。最初は取り違えやすいから注意してね。

シェルウィンドウとエディタウィンドウの見分け方

エディタウィンドウの外観はシェルウィンドウと似ていますが、タイトルバーにファイル名が表示され、メニューバーの内容が異なります。また、シェルウィンドウには最初にライセンス情報などが表示され、ユーザーからの命令を受け付ける「>>>（プロンプト）」が表示されます。それに対し、エディタウィンドウに最初に表示されるのはカーソルのみで、一般的なテキストエディタと同様に文字を入力できます。シェルウィンドウは1つしか開けませんが、エディタウィンドウは複数開くことができます。ですから同時に複数のPythonのプログラムを書くことができます。

「print」関数で文字を表示する

まずは基本的な関数（かんすう）の1つである「print」を使ったプログラムを書いてみましょう。**関数とは、簡単にいえばコンピュータに対する「命令」です**。printは「表示しろ」という命令で、「何を」という目的語に当たるものをprintのあとのカッコ内に書きます。

■chap1_4_1.py

表示しろ　　文字列「ハロー！」

```
1 print('ハロー！')
```

例文の「ハロー！」という文字を「'（シングルクォート）」で囲んでいるのは、printといった命令とただの文字を区別するためです。**「'」で囲まれた部分は、文字が並んだデータという意味で、「文字列」と呼びます**。「'」の代わりに「"（ダブルクォート）」を使うこともできますが、本書では「'」で統一します。

読み下し文

1　文字列「ハロー！」を表示しろ

プログラムはコンピュータに対する命令の集まりなんだよ

書き方は英文法と似ていますね。「命令」という述語のあとに、「何を」に当たる目的語が続くところとか

それを日本語に読み下すと、述語と目的語が入れ替わるんだ

print関数は組み込み関数

Chapter 4で説明しますが、関数は自分で作ることもできます。print関数のようにPythonに最初から用意されているものは「組み込み関数」と呼びます。なお、「print()」は正確に訳せば「print関数を呼び出せ」です。それだと「関数を呼び出せ」だらけになってわかりにくいので、本書では「表示しろ」のように意訳します。

プログラムを書いて実行する

実際にエディタウィンドウでprint関数を使ったプログラムを書いてみましょう。プログラムは原則的に半角英数字で入力し、アルファベットの大文字と小文字も区別されるので間違えないようにしてください。例外は「'」や「"」で囲まれた文字列の部分や、あとで登場するコメント文だけで、これらの中では全角文字も使用可能です。

IDLEでは、F5キーを押す、あるいは［Run］メニューの［Run Module］をクリックするとプログラムが実行され、その結果がシェルウィンドウに表示されます。これは今後何度も繰り返す操作なので覚えておきましょう。

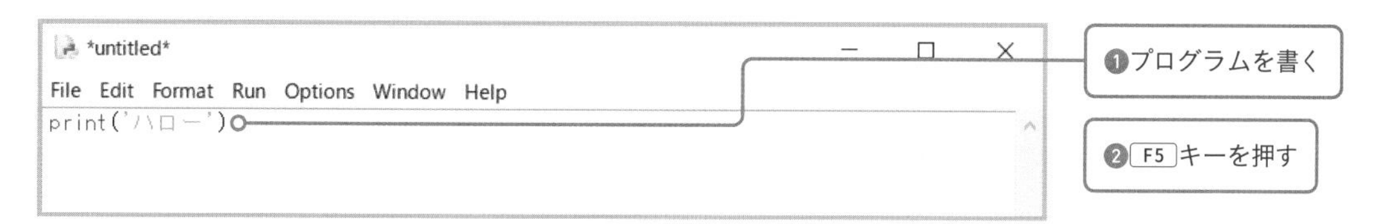

プログラムの実行前に、書いたものをファイルとして保存しておく必要があります。保存場所はどこでもかまいませんが、本書ではドキュメントフォルダ内に「furipyBig」というフォルダを作成して保存します。

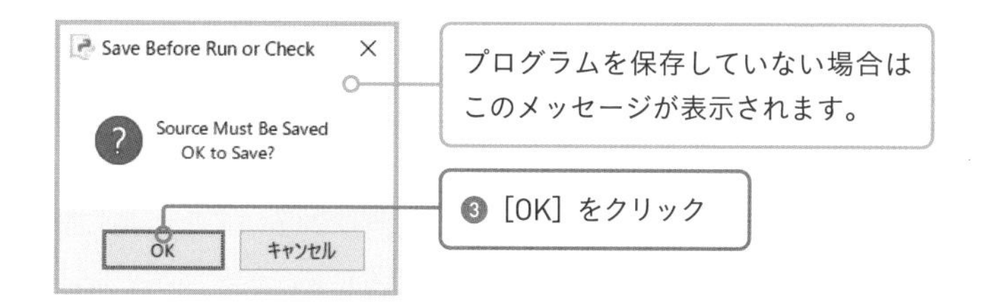

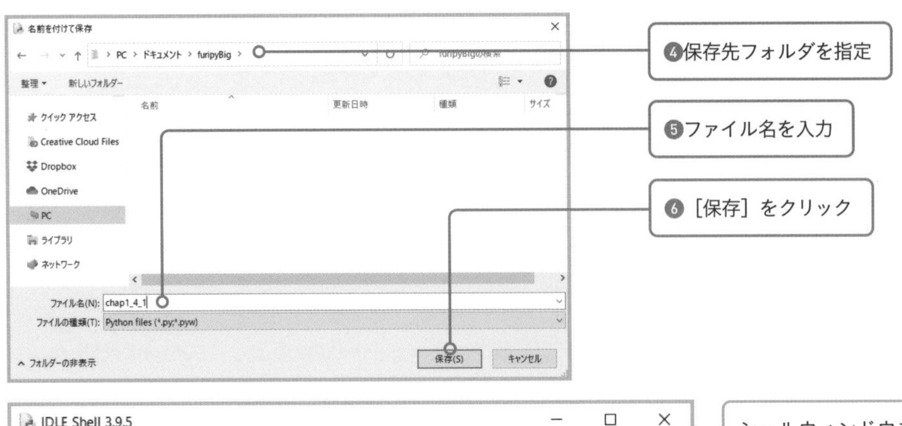


```
IDLE Shell 3.9.5
File Edit Shell Debug Options Window Help
Python 3.9.5 (tags/v3.9.5:0a7dcbd, May  3 2021, 17:27:52) [MSC v.1928 64 bit (AM
D64)] on win32
Type "help", "copyright", "credits" or "license()" for more information.
>>>
=========== RESTART: C:/Users/ohtsu/Documents/furipyBig/chap1_4_1.py ===========
ハロー
>>>
```

シェルウィンドウを閉じていた場合は自動的に開きます。

「ハロー」という文字列が表示されます。

「======RESTART: ファイル名=======」の部分がエディタウィンドウのプログラムを実行したことを表しており、そのあとに結果が表示されます。このあとも繰り返し見ることになるので、どこに結果が表示されたのか迷わないようにしましょう。

このあとも何度も繰り返す操作だからよく覚えておいてね。エディタウィンドウを開いてプログラムを入力し、ファイルを保存して F5 キーを押して実行する

ファイル名やファイルの保存先フォルダに決まりはあるんですか？

ファイル名は半角英数にすることが望ましいよ。保存先のフォルダはどこでもかまわない

じゃあ、自分の使いやすいところに保存しておけばいいんですね

保存したファイルを再度編集するには

保存したファイルは、再度IDLEのエディタウィンドウで開くことで編集の続きができます。ファイルを開くには、エディタウィンドウかシェルウィンドウのメニューから［File］→［Open］とクリックし、表示されるダイアログボックスで目的のファイルを選択して［開く］をクリックします。なお、Pythonのプログラムファイルの拡張子（かくちょうし）は「.py」です。拡張子はファイル名の末尾に付くファイルの種類を表す文字列で、Windowsの初期設定では非表示になっています。

NO 05 演算子を使って計算する

Pythonでは「式」を使って四則計算（四則演算）ができるんだ。「演算子（えんざんし）」の使いこなしが重要になるよ

「式」はわかりますけど、「エンザンシ」って言葉がもう難しそうですね…

大丈夫。演算子は「+」や「-」などの記号のことだよ。算数で習う紙に書く式と基本的には変わりないんだ。

演算子と数値を組み合わせて「式」を書く

プログラムで計算するには数学の授業で習うものに似た「式」を書きます。算数の四則計算では「+」「-」「×」「÷」などの記号を用いて式を書きますが、Pythonでこれらの記号に当たるものが「演算子」です。どの演算子を使うかによって、組み合わせる値同士をどのように計算するかが決まります。

演算子も関数と同様に「命令」なので、「+」であれば「足した結果を出せ」と読み下すことができます。

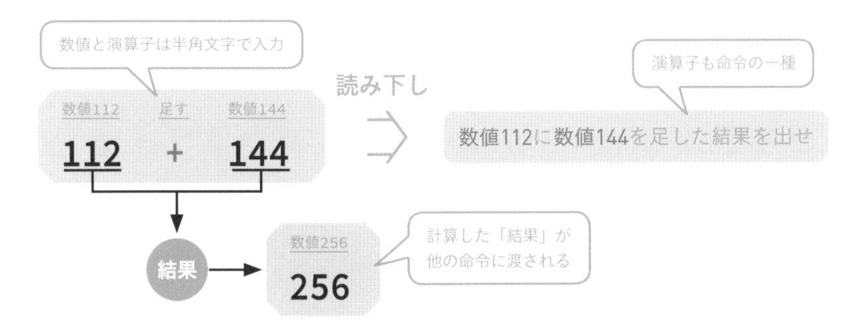

足し算と引き算

実際に式を書いて、その計算結果を求めてみましょう。計算結果を表示するには、print関数の目的語としてカッコの中に式を書きます。文字列ではないので、数値や式を指定する際は「'」で囲まないでください。

■chap1_5_1.py

```
  表示しろ    数値10 足す 数値5
1 print(10 + 5)
  表示しろ    数値10 引く 数値5
2 print(10 - 5)
```

これを読み下す場合、まずはカッコの中の式を優先します。先に演算子も命令の一種だと説明しましたが、このように命令（上の場合はprint関数）の中に別の命令（演算子）を書く、**命令の入れ子のような書き方**がプログラミングではよく出て来ます。

読み下し文

1 数値10に数値5を足した結果を表示しろ

2 数値10から数値5を引いた結果を表示しろ

実際に入力してみましょう。例文のように複数行のプログラムを書いた場合、上の行から順に実行された結果が表示されます。

```
IDLE Shell 3.9.5
File Edit Shell Debug Options Window Help
Python 3.9.5 (tags/v3.9.5:0a7dcbd, May  3 2021, 17:27:52) [MSC v.1928 64 bit (AM
D64)] on win32
Type "help", "copyright", "credits" or "license()" for more information.
>>>
=========== RESTART: C:¥Users¥ohtsu¥Documents¥furipyBig¥chap1_5_1.py ===========
15
5
>>>
```

掛け算と割り算

掛け算の演算子は「*（アスタリスク）」、割り算では「/（スラッシュ）」を用います。なお、割り算で数値の0で他の数値を割ろうとするとエラーになる点に注意してください。

足し算や引き算と同様に、カッコ内の計算結果が求められてから、printによる「表示しろ」という命令が実行されます。

■chap1_5_2.py

```
  表示しろ    数値10 掛ける 数値5
1 print(10 * 5)
  表示しろ    数値10 割る 数値5
2 print(10 / 5)
```

読み下し文

1 数値10に数値5を掛けた結果を表示しろ

2 数値10を数値5で割った結果を表示しろ

割り算の実行結果は、その値にかかわらず小数点込みの実数になります。

```
IDLE Shell 3.9.5
File Edit Shell Debug Options Window Help
Python 3.9.5 (tags/v3.9.5:0a7dcbd, May  3 2021, 17:27:52) [MSC v.1928 64 bit (AM
D64)] on win32
Type "help", "copyright", "credits" or "license()" for more information.
>>>
=========== RESTART: C:¥Users¥ohtsu¥Documents¥furipyBig¥chap1_5_2.py ===========
50
2.0
>>>
```

整数と実数

プログラムで扱う数値には整数と実数（正確には「浮動小数点数」）の2種類があります。整数は小数点以下のない「-900」「0」「4000」のような数字で、実数は小数点を含む数値です。小数点を含まずにそのまま書いた場合は整数になり、「.（ピリオド）」を入れて「0.5」のように書くと実数になります。

■chap1_5_3.py

```
 表示しろ   数値2 足す 数値0.5
print(2 + 0.5)
```

読み下し文

数値2に数値0.5を足した結果を表示しろ

```
IDLE Shell 3.9.5
File Edit Shell Debug Options Window Help
Python 3.9.5 (tags/v3.9.5:0a7dcbd, May  3 2021, 17:27:52) [MSC v.1928 64 bit (AM
D64)] on win32
Type "help", "copyright", "credits" or "license()" for more information.
>>>
=========== RESTART: C:¥Users¥ohtsu¥Documents¥furipyBig¥chap1_5_3.py ===========
2.5
>>>
```

切り捨て割り算とその余り

通常の割り算の結果は実数になりますが、「// (スラッシュ2個)」を使うと小数点以下を切り捨てた整数になります。また、「% (パーセント)」を使うと割った余りを求められます。

■chap1_5_4.py

```
1  print(5 / 2)
2  print(5 // 2)
3  print(5 % 2)
```

表示しろ 数値5 割る 数値2
表示しろ 数値5 割り捨て 数値2
表示しろ 数値5 割り余り 数値2

読み下し文

1 数値5を数値2で割った結果を表示しろ
2 数値5を数値2で割って切り捨てた結果を表示しろ
3 数値5を数値2で割った余りを表示しろ

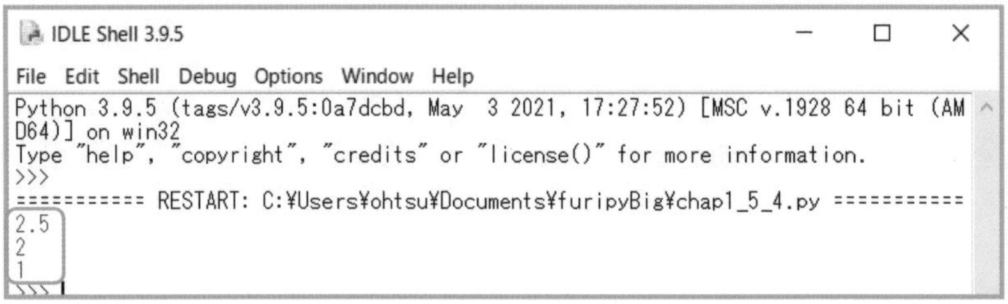

```
IDLE Shell 3.9.5
File Edit Shell Debug Options Window Help
Python 3.9.5 (tags/v3.9.5:0a7dcbd, May  3 2021, 17:27:52) [MSC v.1928 64 bit (AM
D64)] on win32
Type "help", "copyright", "credits" or "license()" for more information.
>>>
=========== RESTART: C:¥Users¥ohtsu¥Documents¥furipyBig¥chap1_5_4.py ===========
2.5
2
1
>>>
```

べき乗計算もできる

3の二乗のようなべき乗計算をするには、「** (アスタリスク2個)」を使います。平方根や三乗根のようなべき根を求めることもでき、例えば平方根を求めるには0.5乗します。

■chap1_5_5.py

```
1  print(3 ** 2)
2  print(9 ** 0.5)
```

表示しろ 数値3 乗する 数値2
表示しろ 数値9 乗する 数値0.5

読み下し文

1 数値3の数値2乗の結果を表示しろ

2 数値9の数値0.5乗の結果を表示しろ

```
IDLE Shell 3.9.5
File Edit Shell Debug Options Window Help
Python 3.9.5 (tags/v3.9.5:0a7dcbd, May  3 2021, 17:27:52) [MSC v.1928 64 bit (AM
D64)] on win32
Type "help", "copyright", "credits" or "license()" for more information.
>>>
=========== RESTART: C:¥Users¥ohtsu¥Documents¥furipyBig¥chap1_5_5.py ===========
9
3.0
>>>
```

計算用の演算子一覧

演算子	読み方	例
+	左辺に右辺を足した結果を出せ	2 + 3
-	左辺から右辺を引いた結果を出せ	7 - 4
*	左辺に右辺を掛けた結果を出せ	6 * 2
/	左辺を右辺で割った結果を出せ	10 / 5
//	左辺を右辺で割った結果を整数で出せ（小数点以下は切り捨て）	18 // 4
%	左辺を右辺で割った余りを出せ	23 % 9
**	左辺の右辺乗（べき乗）の結果を出せ	6 ** 2

※左辺は演算子の左側にあるもの、右辺は右側にあるものを指す

ところで、演算子の前後を半角スペースで空けているのは何でですか？　空けないとダメですか？

実は空けなくても、同じように結果が出る。でも、読みやすくするために空けることが推奨されているんだ

プログラムが文法的に正しいかどうか、つまりエラーを出さずに動くかどうかとは別に、プログラムの書き方を統一するために決められたルールのことをコーディング規約といいます。Pythonのコーディング規約はPEP8（ペップエイト）といい、公式サイト内のhttps://www.python.org/dev/peps/pep-0008/で公開されています。「PEP8」でネット検索すると日本語の解説も見つかるので探してみてください。

本書も原則的にPEP8にしたがってサンプルプログラムを作成しています。

NO 06

長い数式を入力する

複数の演算子が入った少し複雑な式も書けるんだよ。でも、その場合は計算の順番に注意が必要なんだ

算数では掛け算と割り算が先、足し算、引き算があとになると習いました

うん。Pythonの式も基本的に、そのルールどおりの順番で計算が実行されるんだ

長い式では計算する順番を意識する

演算子を複数組み合わせれば、1行で複雑な計算ができる長い式を書くことができます。その際に注意が必要なのが演算子の優先順位です。演算子の優先順位が同じなら左から右へ出現順で計算されますが、順位が異なる場合は順位が高いものから先に計算します。例えば*（掛け算）は、+（足し算）や-（引き算）より優先順位が高いので、先に計算します。

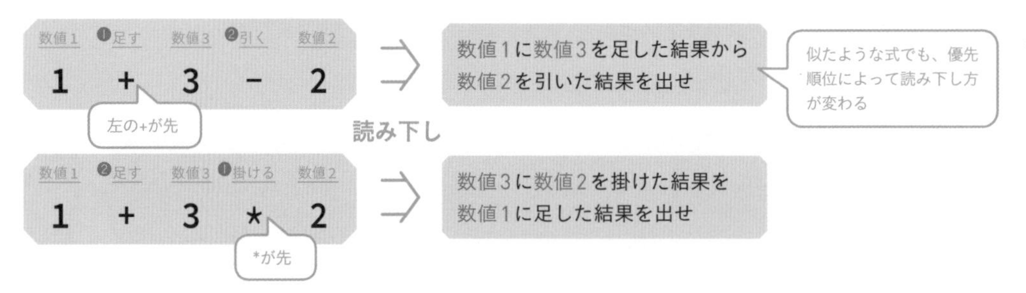

優先順位によって読み下し方が変わるので、本書では複数の演算子が出現するわかりにくい式に限って、丸数字で優先順位を示します。

Pythonの演算子の優先順位を次ページの表にまとめました。かなり種類が多いので、計算に関係するものが目立つよう整理すると下図のようになります。

優先度高 ←→ 優先度低

順位1、2	順位5	順位6	順位7	順位13、14、15	最下位
カッコ類	正負記号	掛け算、割り算	足し算、引き算	比較	代入文の記号

演算子などの記号類の優先順位一覧

順位	演算子	説明
1	(式)、[式]、{キー:値}、{式}	式の中やリスト、タプル、辞書の作成などに使われるカッコ類（32、96、141ページ参照）
2	リスト[添字]、リスト[添字:添字]、関数(引数)、オブジェクト.属性	リスト、タプル、辞書などの要素の参照や、関数呼び出しに使われるカッコ類、メソッド呼び出しに使われるドット（49、96、141ページ参照）
3	本書で解説しないAwait式	
4	**	べき乗
5	+○○、-○○	正負の符号
6	*、@、/、//、%	掛け算、行列計算、割り算、割り算（整数）、割った余り
7	+、-	足し算、引き算
8	本書で解説しないシフト演算	
9、10、11	本書で解説しないビット単位のAND、XOR、OR	
12	in、not in、is、is not、<、<=、>、>=、!=、==	大小の比較、帰属、同一性のチェックなどを行う演算子（一部Chapter 2で解説）
13	not ○○	ブール演算のNOT（Chapter 2で解説）
14	and	ブール演算のAND（Chapter 2で解説）
15	or	ブール演算のOR（Chapter 2で解説）
16	本書で解説しないif～else式	
17	本書で解説しないラムダ式	
最下位	=、+=、-=、*=、/=、//=、%=、**=	代入文（34、117ページ参照）で使用する記号

※カッコ類や代入の=は、演算子ではなくデリミタ（区切り文字）と呼ばれる記号です。文や式を途中で区切る働きをします。

演算子ってずいぶんあるんですね。見たことないものばっかりです

まだprint関数と四則計算しか説明してないから、それはしかたない。少しずつ覚えていけば大丈夫だよ

同じ優先順位の演算子を組み合わせた式

まずは同じ順位の演算子を組み合わせた式を使ってみましょう。すべて「+」なので、計算は左端の「+」から右に向かって順番に実行されます。

■chap1_6_1.py

表示しろ　数値2 ❶足す 数値10 ❷足す 数値5

```
1 print(2 + 10 + 5)
```

読み下し文

1 数値2に数値10を足した結果に数値5を足した結果を表示しろ

計算結果は以下のようになります。

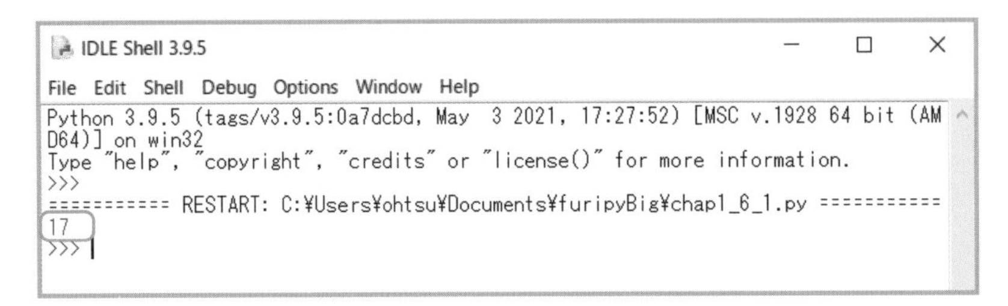
IDLE Shell 3.9.5
File Edit Shell Debug Options Window Help
Python 3.9.5 (tags/v3.9.5:0a7dcbd, May 3 2021, 17:27:52) [MSC v.1928 64 bit (AMD64)] on win32
Type "help", "copyright", "credits" or "license()" for more information.
>>>
=========== RESTART: C:¥Users¥ohtsu¥Documents¥furipyBig¥chap1_6_1.py ===========
17
>>>

最初に1つ目の「+」によって「2 + 10」が計算されて「12」という結果が出ます。2つ目の「+」はその結果と数値5を足すので、「12 + 5」が計算されて17という結果が求められます。

最後にその結果がprint関数に渡されて「17」と画面に表示されます。

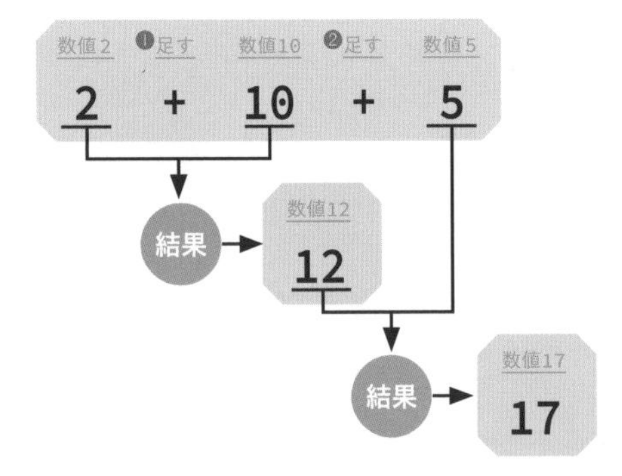

29ページの表を見るとわかるように「+」と「-」、「*」と「/」はそれぞれ優先順位が同じですから、それらを組み合わせた場合も、同じように左から右へ実行されます。

優先順位が異なる演算子を組み合わせた式

「+」と「*」のように、優先順位が異なる演算子を組み合わせた式を試してみましょう。2つ目の「+」の代わりに「*」を書きます。それ以外は同じですが、優先順位が異なるせいで計算結果も変わってきます。

■chap1_6_2.py

表示しろ　数値2 ❷足す 数値10 ❶掛ける 数値5

```
1  print(2 + 10 * 5)
```

読み下し文

1 数値10に数値5を掛けた結果を数値2に足した結果を表示しろ

計算結果は次のように「52」となります。

```
IDLE Shell 3.9.5
File Edit Shell Debug Options Window Help
Python 3.9.5 (tags/v3.9.5:0a7dcbd, May  3 2021, 17:27:52) [MSC v.1928 64 bit (AM
D64)] on win32
Type "help", "copyright", "credits" or "license()" for more information.
>>>
=========== RESTART: C:¥Users¥ohtsu¥Documents¥furipyBig¥chap1_6_2.py ===========
52
>>>
```

この式では先に「10 * 5」という計算が行われます。その結果の50が2に足されるので、最終結果は52になります。

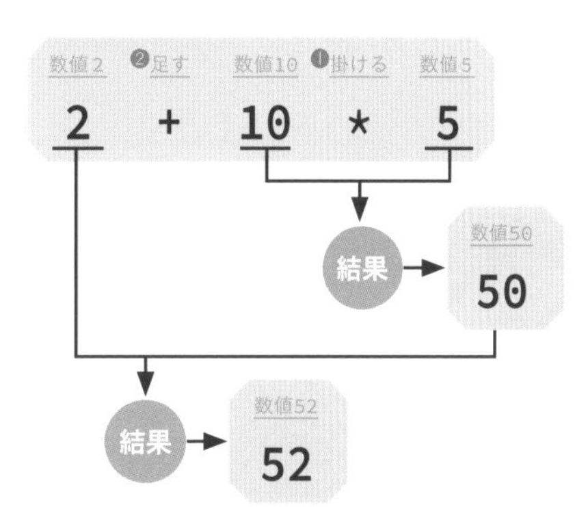

算数で習った計算と同じですよね。図を見なくてもわかりますよ

「途中で一時的な結果が出る」ことをイメージするのが重要だよ。そうしないとあとで出てくる関数や変数が混ざった式の意味がわからなくなるんだ

カッコを使って計算順を変える

優先順位が低い演算子を先に計算したい場合は、その部分をカッコで囲みます。このカッコはカッコ内の式の優先順位を一番上にする働きを持ちます。

■chap1_6_3.py

表示しろ　数値2 ❶足す 数値10 ❷掛ける 数値5

```
1 print((2 + 10) * 5)
```

カッコ内の「+」のほうが優先順位が上がるので、「2 + 10」の結果に5を掛けろという読み下し文になります。

読み下し文

1 **数値2に数値10を足した結果に数値5を掛けた結果を表示しろ**

このプログラムを実行すると「60」と表示されます。

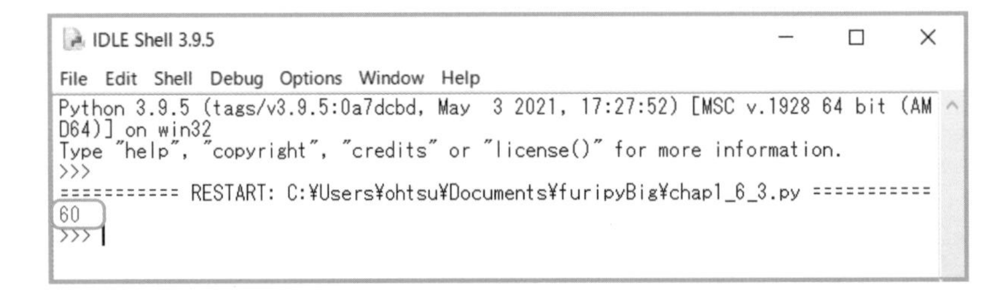

「((( )))」のようにカッコが入れ子になった場合、開きカッコと閉じカッコの数があってないとエラーになるから注意しよう。プロでもミスしやすいところだよ

カッコの中にカッコが入れ子になった式

カッコの中に、さらにカッコが入った式を書くこともできます。その場合は「より内側にある」カッコが優先されます。

■chap1_6_4.py

表示しろ　数値5 ❸割る 数値4 ❷掛ける 数値1 ❶引く 数値0.2

```
1 print(5 / (4 * (1 - 0.2)))
```

カッコの優先順位を反映すると、次のような読み下し文になります。

読み下し文

1 **数値1から数値0.2を引いた結果を数値4に掛け、その結果で数値5を割った結果を表示しろ**

```
IDLE Shell 3.9.5
File Edit Shell Debug Options Window Help
Python 3.9.5 (tags/v3.9.5:0a7dcbd, May  3 2021, 17:27:52) [MSC v.1928 64 bit (AM
D64)] on win32
Type "help", "copyright", "credits" or "license()" for more information.
>>>
=========== RESTART: C:¥Users¥ohtsu¥Documents¥furipyBig¥chap1_6_4.py ===========
1.5625
>>>
```

内側のカッコが最優先なので、「1 - 0.2」が先に計算されて0.8という結果が出ます。次に「4 * 0.8」が計算されて3.2という結果が出ます。最後に「5 / 3.2」が計算され、1.5625という結果が表示されます。

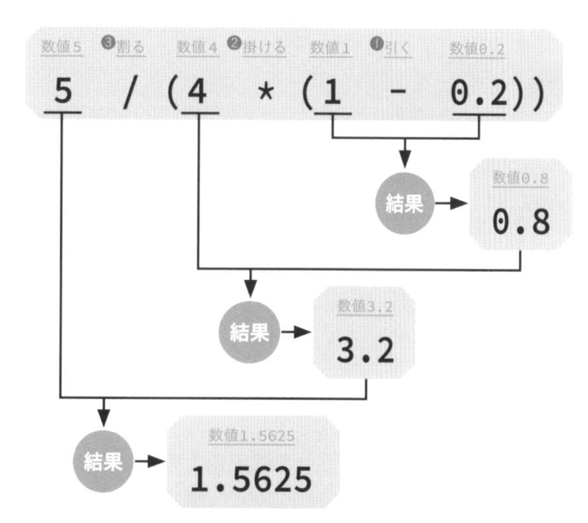

カッコが重なるとややこしいですねー。print関数のカッコもありますし

とにかく内側のカッコほど優先すると覚えておこう

負の数を表す「-」

「-」という演算子は書く場所によって意味が変わります。左側にあるものが数値なら「引く」という意味になりますが、それ以外の場合は「負の数」を表します。また、負数の「-」は「*」や「/」よりも優先順位が上がります。「-5は-演算子と数値5の組み合わせだ」と考えなくても正しい結果は予想できると思いますが、場所によって意味が変わる演算子もあることは頭のすみに入れておいてください。

■chap1_6_5.py

表示しろ　数値2　❸足す　数値10　❷掛ける　❶数値-5

```
1  print(2 + 10 * -5)
```

NO 07

変数を使って計算する

次は「変数」について学習しよう。変数はプログラムを効率的に書くために欠かせない要素の1つだよ

変数ですか。プログラムの中でコロコロ変わっていく数字という意味ですか？

イメージとしては近いかもね。ただ、変数では数値だけじゃなく、文字列も扱うことができるんだ

変数とは？

数値や文字列などのデータ類をまとめて「値」と呼びます。同じ値を複数箇所で何度も使う場合、プログラムに値を直接入力していると、値を修正しなければいけなくなったときに手間がかかってしまいます。

このように事前に繰り返し使うことがわかっている値は、「変数」に入れておきましょう。「変数」は何らかの値を記憶できる箱のようなものと思ってください。プログラム内の必要な箇所にこの箱を置いておけば、記憶した値がそこに当てはめられます。変数には次の形で値を記憶します。

「変数 = 値」という書き方の文を「代入文（だいにゅうぶん）」といいます。変数はいくつでも作成できるので、区別するための名前を付けておきます。「=（イコール）」は数学だと「等しい」という意味ですが、Pythonでは「入れろ」または「記憶しろ」という意味で使われます。

変数を作成してそこに値を代入する

文字列を変数に記憶して、それを表示するプログラムを書いてみましょう。1行目で「ハロー！」という文字列を変数textに入れています。2行目ではprint関数のカッコ内に変数textを書きます。

■chap1_7_1.py

```
1  text = 'ハロー！'
2  print(text)
```

(注釈: 変数text 入れろ 文字列「ハロー！」／表示しろ 変数text)

「変数＝値」という代入文の働きは、正確に表せば、その名前の変数がなければ新たに作成して値を記憶し、すでに同名の変数があればそこに値を上書きしろとなります。それではややこしいので、本書では単純に「値を変数に入れろ」と読み下します。

値を入れた変数は値の代わりに使えます。ですから「print(text)」は「変数textの内容を表示しろ」または「変数textを表示しろ」と読み下せます。

読み下し文

1 文字列「ハロー！」を変数textに入れろ
2 変数textを表示しろ

プログラムの実行結果は以下のとおりです。変数textには文字列「ハロー」が入っているので、それがprint関数で表示されます。

```
IDLE Shell 3.9.5
File Edit Shell Debug Options Window Help
Python 3.9.5 (tags/v3.9.5:0a7dcbd, May  3 2021, 17:27:52) [MSC v.1928 64 bit (AMD64)] on win32
Type "help", "copyright", "credits" or "license()" for more information.
>>>
=========== RESTART: C:¥Users¥ohtsu¥Documents¥furipyBig¥chap1_7_1.py ===========
ハロー！
>>>
```

「print('ハロー')」って書いたときと結果が同じですよね？　何の意味があるんですか？

今の例は書き方を説明しただけだからね。次はもう少し実用的な例を試してみよう

変数を使うメリットは？

次の例は、2つの変数を使用しています。変数priceに何かの商品の価格を入れると、割引率discountを反映した売値を割り出して変数discount_priceに入れ、それを表示するというプログラムです。

■chap1_7_2.py

```
  変数price 入れろ 数値100
1 price = 100
  変数discount 入れろ 数値0.3
2 discount = 0.3
  変数discount_price 入れろ 変数price ❷掛ける 数値1 ❶引く 変数disccount
3 discount_price = price * (1 - discount)
  表示しろ 変数discount_price
4 print(discount_price)
```

読み下し文

1 数値100を変数priceに入れろ

2 数値0.3を変数discountに入れろ

3 数値1から変数discountを引いた結果を変数priceに掛けて変数discount_priceに入れろ

4 変数discount_priceを表示しろ

変数priceに100を入れて計算させたので、結果は70となります。

```
IDLE Shell 3.9.5
File Edit Shell Debug Options Window Help
Python 3.9.5 (tags/v3.9.5:0a7dcbd, May  3 2021, 17:27:52) [MSC v.1928 64 bit (AMD64)] on win32
Type "help", "copyright", "credits" or "license()" for more information.
>>>
=========== RESTART: C:¥Users¥ohtsu¥Documents¥furipyBig¥chap1_7_2.py ===========
70.0
>>>
```

1行目の変数priceに入れる数値を150に変更してみましょう。それだけで2行目以降が出す結果が変わります。

■chap1_7_3.py

```
  変数price 入れろ 数値150
1 price = 150
  変数discount 入れろ 数値0.3
2 discount = 0.3
  変数discount_price 入れろ 変数price ❷掛ける 数値1 ❶引く 変数disccount
3 discount_price = price * (1 - discount)
  表示しろ 変数discount_price
4 print(discount_price)
```

読み下し文

1 **数値150を変数priceに入れろ**

2 **数値0.3を変数discountに入れろ**

3 **数値1から変数discountを引いた結果を変数priceに掛けて変数discount_priceに入れろ**

4 **変数discount_priceを表示しろ**

```
IDLE Shell 3.9.5
File Edit Shell Debug Options Window Help
Python 3.9.5 (tags/v3.9.5:0a7dcbd, May  3 2021, 17:27:52) [MSC v.1928 64 bit (AM
D64)] on win32
Type "help", "copyright", "credits" or "license()" for more information.
>>>
=========== RESTART: C:/Users/ohtsu/Documents/furipyBig/chap1_7_3.py ===========
105.0
>>> 
```

なぜそうなるのか、以下の図でプログラムの流れを追いかけてみてください。変数priceの値を変えると、それを参照している部分すべての結果が変わっています。このように変数を使えば、**プログラムをほとんど書き替えずに違う結果を出せる**のです。

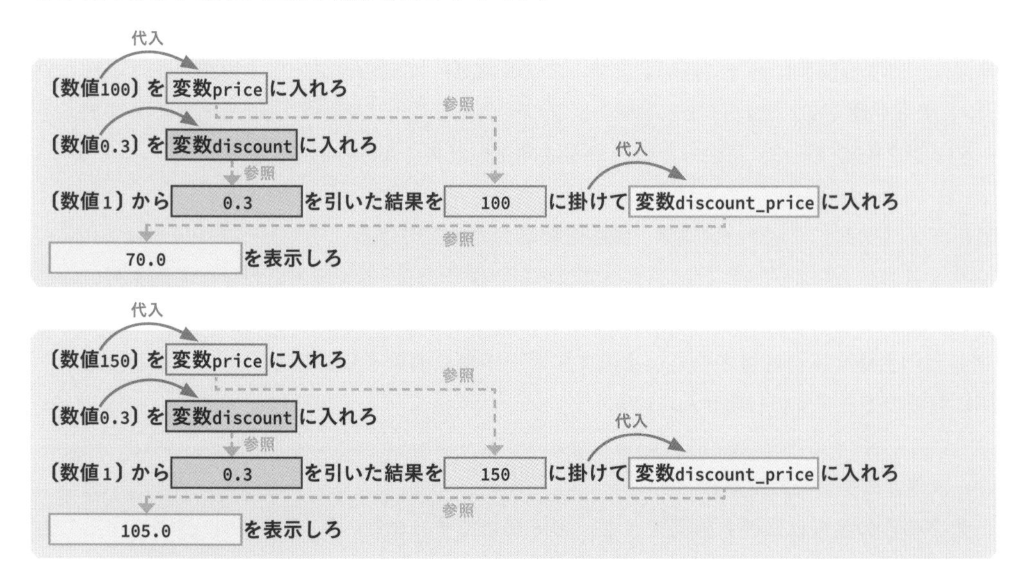

へー。変数って便利なもんですねー

でしょ？　さらに変数には、discountやpriceなどの名前を付けて、数値の意味を明確にできるというメリットもあるんだ

NO 08

変数の命名ルールとスペースの入れどころ

さっきは説明しなかったけど、変数の名前に使える文字には制限があるから、それにしたがって命名しないといけないよ

へー、何でそんな決まりがあるんですか？

それはね、Pythonのインタープリタがプログラムを解釈する仕組みと関係があるんだ

変数の命名ルールを覚えよう

変数の命名ルールを3項目に分けて説明します。この命名ルールはChapter 5で解説する「関数」や「モジュール」でも共通です。これらは守らないとプログラムが正しく動かない最低限のルールで、その他にコーディング規約（P.27）に沿った読みやすさ向上のためのルールもあります。

❶半角のアルファベット、アンダースコア、数字を組み合わせて付ける

アルファベットのa〜z、A〜Z、「_（アンダースコア）」、数字の0〜9を組み合わせた名前を付けることができます。「_」は複数の単語をつないで長い名前を付けたいときに使います。

実は漢字などの全角文字も許可されているのですが、半角の演算子や関数と混在することになり、入力が面倒になるのでおすすめしません。

❷数字のみ、先頭が数字の名前は禁止

ただし、数字のみの名前は数値と区別できないので禁止です。また、名前の先頭を数字にすることも禁止されています。

```
OKの例：  answer  name1  name2  my_value  text  BALL
NGの例：  !mark   12345  1day   a+b
```

❸予約語と同じ名前は禁止

以下に挙げるキーワードを「予約語」といい、Pythonで別の目的で使用することが決まっています。

例えば次のChapter 2で登場するTrue、False、if、elseは条件分岐で使用するキーワードなので、変数名に使うことはできません。ただし、「TrueStory」のように他の文字と組み合わせた場合はOKです。「True」のみの単独の名前としては使えないということです。

予約語一覧

```
False    await   else    import   pass    None      break    except    in
raise    True    class   finally  is      return    and      continue  for
lambda   try     as      def      from    nonlocal  while    assert    del
global   not     with    async    elif    if        or       yield
```

ちなみに、変数printのように関数と同じ名前の変数を作ることもできます。ただし、printという名前の変数を作ると、その時点でprintという名前は変数のものになるため、print関数の呼び出しがエラーになります。仮にエラーが出ないとしても名前の重複は避けるようにしましょう。

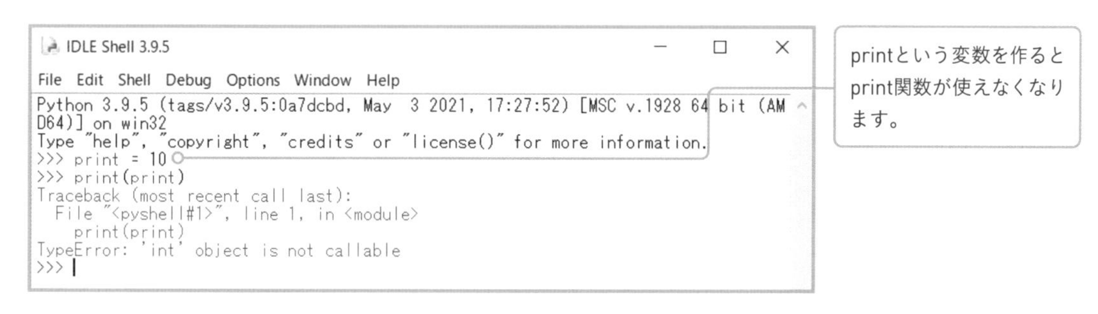

数学の数式みたいに、aとかxとかのアルファベット1文字の名前を付けるのも避けたほうがいいね

どうしてですか？　短くて入力しやすいのに

aやxという名前だけ見ても、何のための変数かわからないでしょ。textなら文字が入っている、priceなら価格が入っていると見当が付くよね

わかりにくい変数の例

```
a = 150
b = 0.3
c = a * (1 - b)
print(c)
```

確かにこれだと、説明を聞かないと何をしてるのかわからないですね。なるほど、名前の付け方でも、プログラムのわかりやすさが左右されるんですね

スペースの入れどころ

これまで演算子の前後などに半角スペースを入れていたけど、実は入れなくてもエラーにならないスペースと、入れないとエラーになるスペースがあるんだ

ややこしい！　入れないとダメなところはどうやって見分けたらいいんですか？

見分け方はちゃんとあるよ。それを説明しよう

Pythonのプログラムには、半角スペースで絶対に区切らないといけない部分があります（注：全角スペースだとエラーになります）。それ以外は入れても入れなくても結果は変わりません。それを見分けるポイントは、変数名に使える文字かどうかです。

Pythonのプログラムはインタープリタが解釈して実行します。Pythonインタープリタは、プログラムを１文字ずつたどっていって、変数、演算子、デリミタ（区切り文字）、関数、数値などを識別します。識別の基準は文字の種類です。

例えば「answer=value 1 +124」のようにまったく区切らないプログラムがあったとしても、「=」と「+」は変数の名前として許されない記号なので、そこで区切られると見なします。

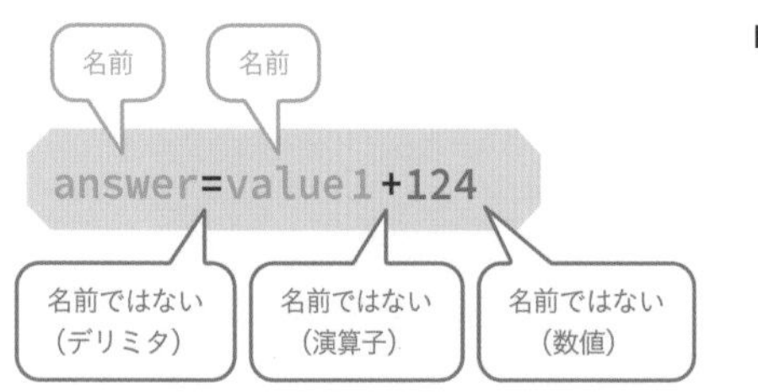

Pythonインタープリタ

つまり、変数名に使えない記号が途中に入っていれば、変数との間に半角スペースが入っても入らなくてもエラーになりません。

「名前ではない」って何かわかりにくいですね

少し前に説明したけど、記号類で名前に使えるのは「_（アンダースコア）」だけだから、それ以外の記号は名前ではないと思っていいよ

次は半角スペースを入れないといけないケースです。ifやTrueなどの予約語は、変数名に使える文字でできています。そのため、予約語と変数の間を空けなかったら、1つの言葉と見なされてエラーになります。例えば「if answer」の間を空けずに詰めて「ifanswer」と書くと意味が変わってプログラムが正しく解釈されなくなります。この場合は絶対に1つ以上の半角スペースで間を空けなければいけません。

他にも半角スペースについてのルールには、Chapter 2で登場するインデントがあります。インデントは行頭の字下げのことです。Pythonでは行頭の字下げ幅がプログラムの構造を表すので、字下げはルールどおりに行わないといけません。

本書では、半角スペースを絶対に入れないといけない場所は、以下のように␣記号で明記します。また、字下げ部分にも 4字下げ というマークを入れます。

```
if␣text.isdigit():
␣␣␣␣print('数字です')
```

ちょっと難しい話でしたね……

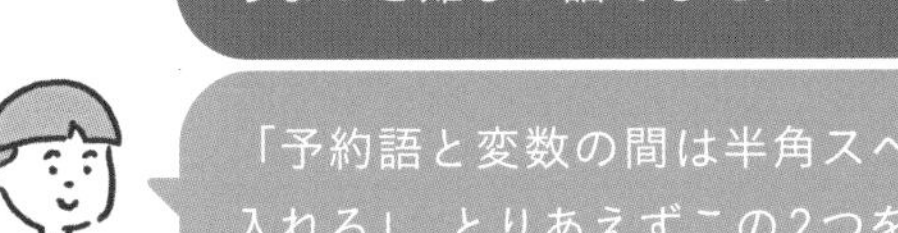

「予約語と変数の間は半角スペースを入れる」「行頭の字下げは構造を考えて入れる」。とりあえずこの2つを覚えておけば大丈夫

プログラムの改行位置

Pythonでは1つの文の途中で改行するとエラーになる場合があります。ただし、カッコ類の中での改行は許されているので、少しあとで説明するリスト、辞書、タプルの作成や、関数の引数を指定する場面では途中で改行できます。また、コーディング規約で、1行はなるべく79文字以内に収めることが推奨されています。

NO 09 データの入力を受け付ける

次はデータを入力してもらうためのプログラムを作ってみよう。input関数を使うよ

インプットはそのものズバリ、入力って意味ですね。わかりやすそうです！

そう、ユーザーの操作によって実行結果が変化する、対話型プログラムの基本となる関数だよ

input関数とは？

20ページで解説したprint関数が指定したデータを「出力（表示）」するのに対して、inputはユーザーにデータの「入力」を求める関数です。実行するとユーザーからのデータ入力を受け付けます。input関数の書き方は下図のとおりです。関数名に続くカッコの中には、ユーザーに入力をうながすメッセージを指定します。

変数　入れろ　入力させる　メッセージ文字列

```
変数 = input('メッセージ文字列')
```

↓ 読み下し

「メッセージ文字列」を表示してユーザーに入力させ、結果を変数に入れろ

print関数と大きく違う点は、input関数はユーザーがキーボードから何かを入力したら、その結果の文字列を返してくるという点です。このような関数が返してくる値を「戻り値（もどりち）」といいます（47ページ参照）。

input関数の戻り値は、あとで使うときのために変数に入れておきます。そのためinput関数の書き方は、「変数 = input()」という代入文になります。

入力した内容をそのまま表示するプログラムを作る

実際にinput関数を使ってみましょう。以下の例は「入力せよ」というメッセージを表示して、ユー

ザーからの入力を求めるプログラムです。ユーザーに入力させた文字列はいったん変数に入れ、次の行でprint関数を使って表示させます。

■chap1_9_1.py

```
     変数text  入れろ  入力させる   文字列「入力せよ」
1  text = input('入力せよ')
     表示しろ   変数text
2  print(text)
```

読み下し文

1 文字列「入力せよ」を表示してユーザーに入力させ、結果を変数textに入れろ

2 変数textを表示しろ

　実際にプログラムを動かしてみましょう。これまでのプログラムは実行したらシェルウィンドウに結果が表示されて終わりでしたが、今回はユーザーが操作する必要があります。

　まず、「入力せよ」というメッセージが表示され、入力待機状態になります。ここで何でもいいので文字を入力して Enter キーを押すと、続きの行に進みます。

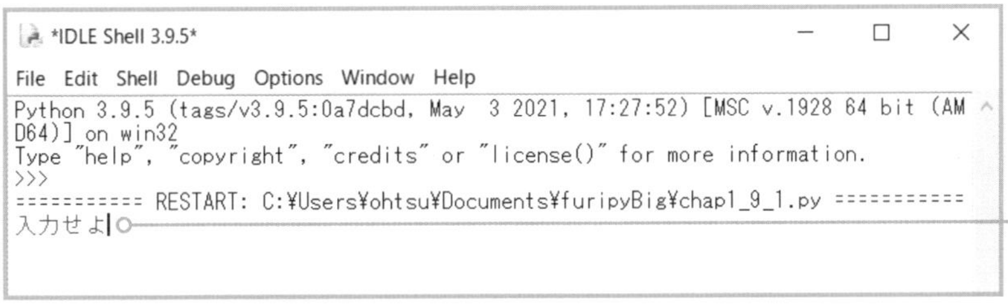

```
*IDLE Shell 3.9.5*
File Edit Shell Debug Options Window Help
Python 3.9.5 (tags/v3.9.5:0a7dcbd, May  3 2021, 17:27:52) [MSC v.1928 64 bit (AM
D64)] on win32
Type "help", "copyright", "credits" or "license()" for more information.
>>>
=========== RESTART: C:¥Users¥ohtsu¥Documents¥furipyBig¥chap1_9_1.py ===========
入力せよ
```

メッセージが表示されます。

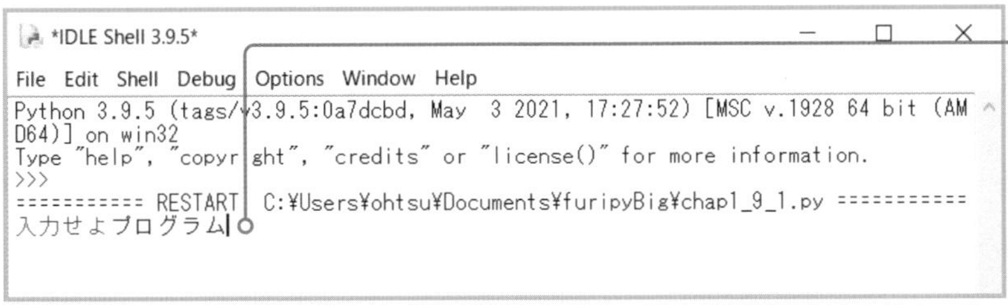

```
*IDLE Shell 3.9.5*
File Edit Shell Debug Options Window Help
Python 3.9.5 (tags/v3.9.5:0a7dcbd, May  3 2021, 17:27:52) [MSC v.1928 64 bit (AM
D64)] on win32
Type "help", "copyright", "credits" or "license()" for more information.
>>>
=========== RESTART: C:¥Users¥ohtsu¥Documents¥furipyBig¥chap1_9_1.py ===========
入力せよプログラム
```

❶文字を入力する

❷ Enter キーを押す

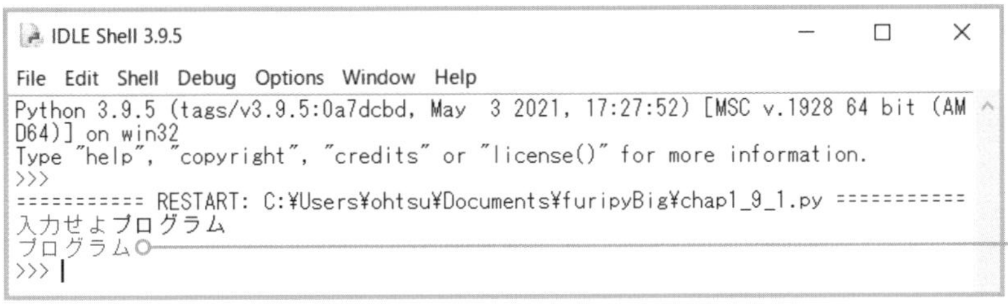

```
IDLE Shell 3.9.5
File Edit Shell Debug Options Window Help
Python 3.9.5 (tags/v3.9.5:0a7dcbd, May  3 2021, 17:27:52) [MSC v.1928 64 bit (AM
D64)] on win32
Type "help", "copyright", "credits" or "license()" for more information.
>>>
=========== RESTART: C:¥Users¥ohtsu¥Documents¥furipyBig¥chap1_9_1.py ===========
入力せよプログラム
プログラム
>>>
```

入力した文字がprint関数によって表示されます。

シェルウィンドウでは、プログラムによって表示される文字や数字は青色で、ユーザーが直接入力したものは黒で表示されます。

入力結果をちょっと加工して表示する

同じものを表示するだけでは面白くないので少しだけ加工してみましょう。ユーザーが入力したデータに、文字列を追加してみます。

■chap1_9_2.py

変数text　入れろ　入力させる　文字列「入力せよ」

```
1 text = input('入力せよ')
```

表示しろ　文字列「あなたが入力したのは」　連結　変数text

```
2 print('あなたが入力したのは' + text)
```

ここで注目してほしいのが、+演算子のふりがなです。「+」は左右に数値があればそれを足せという命令ですが、**左右にあるのが文字列の場合、両者を「連結せよ」という命令に変化します**。

読み下し文

1 **文字列「入力してください」を表示してユーザーに入力させ、結果を変数textに入れろ**

2 **文字列「あなたが入力したのは」と変数textを連結した結果を表示しろ**

実行結果は以下のようになります。ユーザーが入力したデータの前に、「あなたが入力したのは」という文字列が追加されることが確認できます。

```
IDLE Shell 3.9.5
File Edit Shell Debug Options Window Help
Python 3.9.5 (tags/v3.9.5:0a7dcbd, May  3 2021, 17:27:52) [MSC v.1928 64 bit (AM
D64)] on win32
Type "help", "copyright", "credits" or "license()" for more information.
>>>
=========== RESTART: C:¥Users¥ohtsu¥Documents¥furipyBig¥chap1_9_2.py ===========
入力せよイカとタコ
あなたが入力したのはイカとタコ
>>>
```

printもよく使いますけど、inputも大事な関数なんですね。絶対にマスターしないと！

そうだね。ユーザーに何かを入力させるときは欠かせない。inputとprintは、人間とプログラムが対話するための基礎となる関数なんだ

NO 10

数値と文字列を変換する

input関数で入力した数値を使って計算しようとしたら、エラーが出てしまいました……

それはデータの「型」が正しくなかったんだよ。文字列と数値を組み合わせても計算はできないからね

数値に見えていても、プログラムの中では文字列として扱われていたということだったんですね

データの「型」とは？

これまでに「文字列」や「数値」などのデータを扱ってきましたが、このようなデータの種類のことを「型（Type）」と呼びます。型の名前も決められており、文字列はstr（stringの略）型、数値は整数ならint（integerの略）型、実数ならfloat（floating point number＝浮動小数点数の略）型です。

input関数の戻り値は、内容が数字であっても常にstr型です。そのため次のプログラムはエラーになります

■chap1_10_1.py

変数text　入れろ　入力させる　文字列「数字を入力せよ」

```
1 text = input('数字を入力せよ')
```

表示しろ　数値100　引く　変数text

```
2 print(100 - text)
```

読み下し文

1 文字列「数字を入力せよ」を表示してユーザーに入力させ、結果を変数textに入れろ

2 数値1から変数textを引いた結果を表示しろ

エラーが起きるのは2行目の「100 - text」の部分です。変数textにはinput関数が返した文字列が入っているので、数値から文字列を引くことができずにプログラムが停止してしまいます。

```
IDLE Shell 3.9.5
File Edit Shell Debug Options Window Help
Python 3.9.5 (tags/v3.9.5:0a7dcbd, May  3 2021, 17:27:52) [MSC v.1928 64 bit (AM
D64)] on win32
Type "help", "copyright", "credits" or "license()" for more information.
>>>
=========== RESTART: C:¥Users¥ohtsu¥Documents¥furipyBig¥chap1_10_1.py ==========
数字を入力せよ20
Traceback (most recent call last):
  File "C:¥Users¥ohtsu¥Documents¥furipyBig¥chap1_10_1.py", line 2, in <module>
    print(100 - value)
TypeError: unsupported operand type(s) for -: 'int' and 'str'
>>>
```

文字列のデータ型を数値のデータ型に変換する

プログラムを次のように修正するとエラーが出ずに計算できるようになります。違いは2行目のint()の部分です。

■chap1_10_2.py

```
1  text = input('数字を入力せよ')
   （変数text 入れろ 入力させる 文字列「数字を入力せよ」）
2  print(100 - int(text))
   （表示しろ 数値100 引く 整数化 変数text）
```

読み下し文

1. 文字列「数字を入力せよ」を表示してユーザーに入力させ、結果を変数textに入れろ
2. 数値100から変数textを整数化したものを引いた結果を表示しろ

```
IDLE Shell 3.9.5
File Edit Shell Debug Options Window Help
Python 3.9.5 (tags/v3.9.5:0a7dcbd, May  3 2021, 17:27:52) [MSC v.1928 64 bit (AM
D64)] on win32
Type "help", "copyright", "credits" or "license()" for more information.
>>>
=========== RESTART: C:¥Users¥ohtsu¥Documents¥furipyBig¥chap1_10_2.py ==========
数字を入力せよ20
80
>>> |
```

int()の部分はintという名前の関数です。int関数は文字列を受けとったら整数に変換して返します。これで数値同士の計算になるのでエラーが出なくなります。データ型を変換する関数には他にもfloat関数（実数に変換）、str関数（文字列に変換）などがあります。

int関数は「整数に変換可能な数字」以外を渡すとエラーになる。その回避方法はChapter 2で解説するぞ

NO 11

関数とメソッドの読み方

ここまで学習してきたprintやinputはいずれも「関数」と呼ばれるもので、コンピュータにさまざまな仕事をさせる命令なんだ

なんとなく使ってきましたけど、関数がないとプログラムは書けませんよね。しっかりマスターしたいです！

いい心がけだね！　関数の使い方には共通するルールがあるから、一度覚えればいろいろと応用が利くよ

引数と戻り値

「Pythonでいろいろなことができる」の「いろいろ」を受け持つのが、関数と少しあとで説明するメソッドです。print関数やinput関数の他にもさまざまな関数があり、関数を覚えた分だけ、作れるプログラムの幅が広がります。ここで関数の使い方をあらためて覚えておきましょう。

関数のあとには必ずカッコが続き、その中に文字列や数値、式などを書きます。これまでは人間が話す言語にたとえて「目的語」と説明してきましたが、正確には「引数（ひきすう）」といいます。プログラム内に「関数名(引数)」と書くと、関数はそれぞれに割り当てられた仕事をします。関数に仕事をさせることを「呼び出す」といいます。

input関数やint関数のように、文字列や数値などの何らかの値を返してくる関数もあります。関数が返す値のことを「戻り値（もどりち）」といいます。このような戻り値を返す関数は、戻り値を変数に代入したり、式の中に混ぜて書いたりすることができます。

式の中に数値と混ぜて関数が書けるって何か不思議ですね

要は「数値の戻り値を返す関数は、数値の代わりに使える」ってこと。これが理解できると応用範囲が広がるよ

複数の引数を渡す

ここまで関数には1つの引数を指定してきましたが、複数の引数を受けとれる関数もあります。複数の引数を指定するには、カッコの中に「,（カンマ）」で区切って書きます。

■chap1_11_1.py

表示しろ　文字列「ハロー！」　数値10　数値3.5

```
1 print('ハロー！', 10, 3.5)
```

読み下し文

1 文字列「ハロー！」と数値10と数値3.5を表示しろ

```
IDLE Shell 3.9.5
File Edit Shell Debug Options Window Help
Python 3.9.5 (tags/v3.9.5:0a7dcbd, May  3 2021, 17:27:52) [MSC v.1928 64 bit (AM
D64)] on win32
Type "help", "copyright", "credits" or "license()" for more information.
>>>
=========== RESTART: C:¥Users¥ohtsu¥Documents¥furipyBig¥chap1_11_1.py ==========
ハロー！ 10 3.5
>>>
```

print関数の場合、複数の引数を指定すると並べて表示してくれます。ただし他の関数でもそうだとは限りません。何個の引数を受けとれるか、受けとった引数をどう使用するかは関数によって異なります。

キーワード引数を使う

ほとんどの引数には名前が付いています。「引数名=値」で指定する書き方を「キーワード引数」といいます。print関数の「sep」は、区切り文字（separator）を指定するためのキーワード引数です。

■chap1_11_2.py

表示しろ　文字列「ハロー！」　数値10　数値3.5　引数sepに文字列「:」を指定

```
1 print('ハロー！', 10, 3.5, sep=':')
```

読み下し文

1 **文字列「ハロー！」と数値10と数値3.5を文字列「:」で区切って表示しろ**

「sep=':'」には「引数sepに文字列『:』を指定」というふりがなを振りましたが、読み下し文ではその働きがわかるよう「『:』で区切って表示しろ」と読み下しました。当然ながら引数ごとに読み下し方は変わります。

実行結果は以下のようになります。引数として指定した値が並び、それぞれの間に区切り文字「:」が挿入されています。

```
IDLE Shell 3.9.5
File Edit Shell Debug Options Window Help
Python 3.9.5 (tags/v3.9.5:0a7dcbd, May  3 2021, 17:27:52) [MSC v.1928 64 bit (AM
D64)] on win32
Type "help", "copyright", "credits" or "license()" for more information.
>>>
=========== RESTART: C:¥Users¥ohtsu¥Documents¥furipyBig¥chap1_11_2.py ==========
ハロー！:10:3.5
>>>
```

print関数のリファレンスを読む

print関数などPythonにあらかじめ用意されている関数を「組み込み関数」と呼びます。組み込み関数については、公式サイトで説明されています。

https://docs.python.jp/3/library/functions.html

メソッドとは？

関数と同様に、コンピュータにさまざまな仕事をさせる命令の一種に「メソッド」があります。引数を受けとって仕事をする点は関数と同じですが、「値.メソッド名()」という形式で書きます。つまり「目的語+述語」という順番になるのです。

以下は、文字列の一部を置換するreplaceメソッドの使用例です。

■chap1_11_3.py

```
変数text 入れろ 文字列「Hello」 置換しろ 文字列「H」 文字列「J」
1 text = 'Hello'.replace('H', 'J')
表示しろ 変数text
2 print(text)
```

読み下し文

1	文字列「Hello」の文字列「H」を文字列「J」に置換したものを変数textに入れろ
2	変数textを表示しろ

replaceメソッドは1つ目の引数の文字列を探して、2つ目の引数の文字列に置換します。この場合は、「Hello」という文字列の「H」を「J」に置換するので、結果の戻り値は「Jello」になります。

```
IDLE Shell 3.9.5
File Edit Shell Debug Options Window Help
Python 3.9.5 (tags/v3.9.5:0a7dcbd, May  3 2021, 17:27:52) [MSC v.1928 64 bit (AM
D64)] on win32
Type "help", "copyright", "credits" or "license()" for more information.
>>>
=========== RESTART: C:¥Users¥ohtsu¥Documents¥furipyBig¥chap1_11_3.py ==========
Jello
>>> |
```

Jelloって意味わかんないですね（笑）。ところで、関数とメソッドにはどんな違いがあるんですか？　見た目似てますよね

大まかにいうと、メソッドは特定のデータの型と結びついている。例えばreplaceメソッドは「.（ドット）」の前に文字列がないと使えないんだ。数値だとエラーになる

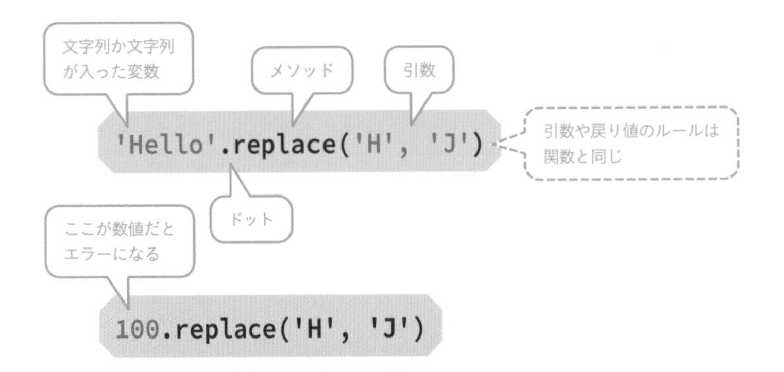

確かに「数値100の文字列Hを文字列Jに置換する」だとヘンですね

データの型ごとに使えるメソッドが決まっているんだ。メソッドについてはChapter 5であらためて解説しよう

NO 12

エラーメッセージを読み解こう①

プログラムを実行したら、まっ赤な文字がずらずら出てきて、しかも全部英語で……

どれどれ、見せてごらん。ああ、これはエラーメッセージだね。関数のつづりが間違ってるみたいだよ

ネームエラー

ベテランでもよく遭遇するエラーメッセージの代表格がネームエラー（NameError）です。関数名などのミスタイプによって引き起こされるエラーです。

エラーが発生しているプログラム

```
pint('ハロー！')
```

エラーメッセージ

```
Traceback (most recent call last):
  File "C:/……/chap1_2_1.py", line 1, in <module>
    pint('ハロー！')
NameError: name 'pint' is not defined
```

（ルビ：Traceback＝トレースバック、(most recent call last)＝（直近の最後の呼び出し）、File "C:/……/chap1_2_1.py",＝ファイル「c:/……/chap1_2_1.py」、、line 1,＝1行目、、in <module>＝無名モジュール内、pint('ハロー！')＝（エラーが出ている行の内容）、NameError:＝名前エラー：、name＝名前、'pint'＝「pint」、is not＝されていない、defined＝定義）

エラーメッセージの上の数行では、エラーが発生したファイルの場所、ファイル内での行数などの場所が示されます。エラーの場所を探すために必要な情報です。最後の行がネームエラーの内容になります。

読み下し文

トレースバック（直近の最後の呼び出し）

ファイル名「C:/……/chap1_2_1.py」の1行目、無名モジュール内

pint('ハロー')

名前エラー：名前「pint」は定義されていない

直訳した読み下し文だとわかりづらいかもしれませんが、「pint」という名前は定義されていない、つまり「Pythonインタープリタが理解できない名前だ」という意味になります。たいていはスペルミスです。大文字・小文字を間違えているときも表示されます。

シンタックスエラー

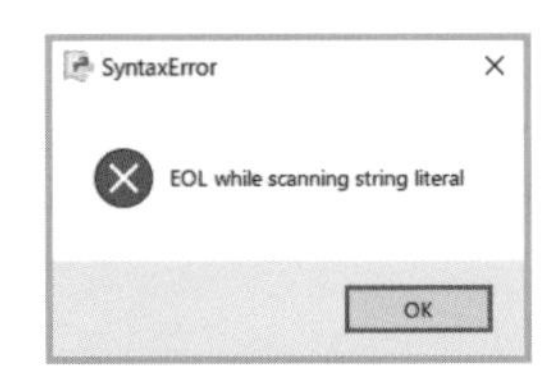

これもよく目にするエラーです。「文法エラー」とも呼ばれ、IDLEのエディタウィンドウを使用している場合は、ダイアログボックスの形で表示されます。

エラーが発生しているプログラム

```
print('ハロー！)
```

エラーメッセージ

（文法エラー：　行末　中　走査　文字列　リテラル）

```
SyntaxError: EOL while scanning string literal
```

読み下し文

文法エラー：文字列リテラルの走査中に行末を発見した

この例では文字列の閉じクォートが抜けています。そのため、Pythonインタープリタが「文字列だと思ってたどっていったら行末に到着してしまったよ」と警告しているのです。ちなみに「リテラル」は日本語では「直定数」といい、プログラムに書かれている文字列や数値を指します。

では開きクォートも忘れてしまったらどうなるのでしょうか？　やはりシンタックスエラーになりますが、メッセージが変わります。

エラーが発生しているプログラム

```
print(ハロー！)
```

エラーメッセージ

（文法エラー：　不正な　文字　中に　識別子の）

```
SyntaxError: invalid character in identifier
```

読み下し文

文法エラー：識別子の中に不正な文字を発見した

識別子（identifier）は、「他から識別可能な何か」という意味で、関数や変数などの名前を指します。クォートで囲まれていないので、文字列ではなく変数か関数の名前だろうと思われてしまったのです。実はPythonでは日本語の変数名も使えるのですが、「！」は全角でも半角でも名前に使用してはいけない記号です。そのため「不正な文字」と指摘されています。

タイプエラー

タイプエラー（TypeError）は、データの型に問題があるときに表示されます。次の例では、print関数のカッコ内で数値と文字列を+演算子によって連結しようとしていますが、「+」はint型とstr型のデータを連結できないため、エラーになってしまいます。この場合はstr関数を使って数値を文字列に変換してから連結しなければいけません。

エラーが発生しているプログラム

```
print(10 + '円です')
```

エラーメッセージ

型エラー：　サポートしていない　被演算子　型（複数かも）　のための　+演算子

```
TypeError: unsupported operand type(s) for +:
'int' and 'str'
```

int型　と　str型

読み下し文

型エラー：+演算子は被演算子（演算する値のこと）の型をサポートしてない：int型とstr型

diffツールでプログラムの間違いをチェックする

絶対に間違っていないはずなのにエラーが消えないときは、diffツールでチェックしてみましょう。diffツールはファイルの内容を比較するためのプログラムです。本書を読みながらサンプルプログラムを入力していてどうしても間違いが見つけられないときは、ダウンロードしたサンプルファイル（207ページ参照）と比較してみてください。
例えばWebサービス「Diffchecker」（https://www.diffchecker.com）では、2つのボックスにプログラムをコピー&ペーストして、[Find Difference!] をクリックすると、どこが違うのかを色分けで示してくれます。

NO 13

復習ドリル

プログラムを自分で読み下してみよう

1章で学んだことの総仕上げとして、以下の2つの例文にふりがなを振り、読み下し文を自分で考えてみましょう。また、どういう結果が得られるかも予想してみてください。正解はそれぞれのサンプルファイルが掲載されているページで確認してください。

問1：計算のサンプル（32ページ参照）

■chap1_6_3.py

```
1 print((2 + 10) * 5)
```

問2：変数を利用した計算のサンプル（36ページ参照）

■chap1_7_2.py

```
1 price = 100
2 discount = 0.3
3 discount_price = price * (1 - discount)
4 print(discount_price)
```

まずは「数値」「変数」「演算子」「関数」を区別するところからやってみよう

名前のあとにカッコが付いてたら関数ですよね

Python
FURIGANA PROGRAMMING

Chapter 2

条件によって分かれる文を学ぼう

NO 01

条件分岐ってどんなもの？

コンビニではたいていお釣りを「大きいほう」から渡すよね。たぶん接客マニュアルに書いてあるんだと思うけど

「紙幣と硬貨が混ざっていたら、紙幣から先に渡す」とか書いてありそうですね

それと同じように、プログラムで「○○だったら、××する」を書くのが条件分岐なんだ

条件分岐を理解するにはマニュアルをイメージする

小説などの文章は先頭から順に読んでいくものですが、業務や家電のマニュアルだと「特定の状況のときだけ読めばいい部分」があります。プログラムでも条件を満たすときだけ実行する文があります。それが「条件分岐」です。プログラムの流れが分かれるので「分岐」といいます。

紙幣と硬貨が混ざっていたら
　→紙幣から先に渡す
　　紙幣が2枚以上だったら
　　　→客に確認してもらう
　次に硬貨を渡す

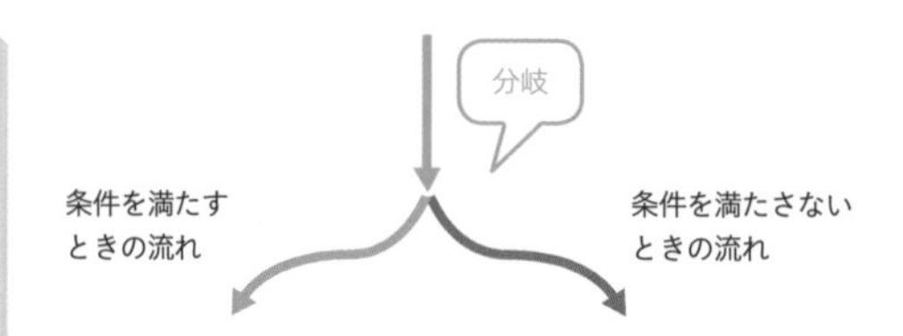

プログラムにちょっと気の利いたことをさせようと思えば、条件分岐は欠かせません。分岐が多くなると処理の流れを把握しづらくなるので、「フローチャート（流れ図）」という図を描いて整理します。右図のひし形が条件分岐を表します。

フローチャートの書き方にはプロ向けに標準化されたルールもあるのですが、自分の頭を整理する目的なら自己流でかまいません。

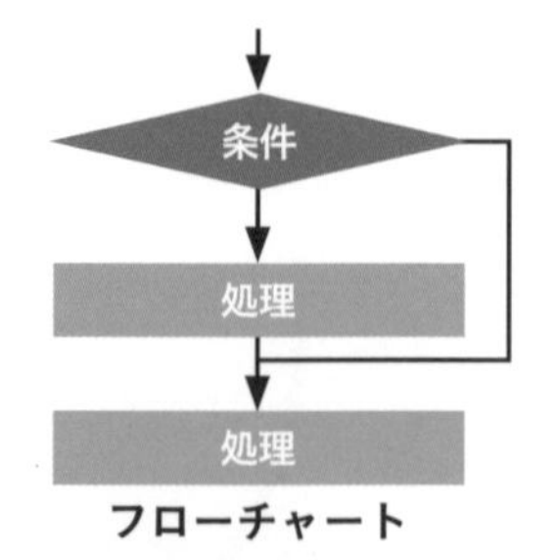

フローチャート

いくつかの質問から「Yes」「No」を選んでいって、相性やタイプを診断するシートってありますよね。それに似てますね。

そう、そのイメージで間違いないよ

「True（真）」と「False（偽）」

条件分岐のためにまず覚えておいてほしいのが、True（トゥルー）とFalse（フォルス）です。Trueは日本語では「真」と書き、条件を満たした状態を表します。Falseは日本語で「偽」と書き、条件を満たしていない状態を表します。

これらは文字列や数値と同じ値の一種で、ブール値（真偽値または真理値とも）と呼びます。条件をチェックした結果を表す値です。

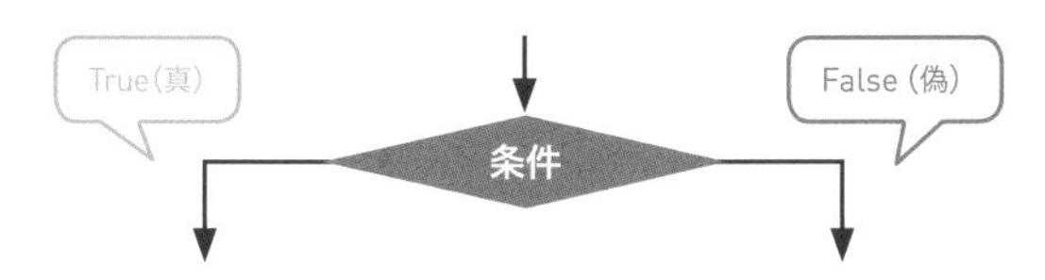

Pythonには、TrueかFalseのどちらかを返す関数やメソッド、演算子があります。これらとTrueかFalseかで分岐する文を組み合わせて、さまざまな条件分岐を書いていきます。

ここまで勉強してきたプログラムは、上から下に順番に実行されるものばかりだった。これを「順次」という。「条件分岐」と次の章で説明する「繰り返し」ではそれが変わるんだ

読み飛ばしたり、上に戻ったりすることが出てくるんですね

そういう感じ。正式には「順次」「分岐」「反復」と呼び、これらをまとめて、流れを制御する構文という意味で「制御構文」と呼ぶよ

3つの構文を自在に組み合わせられるようになったら、けっこういろんなことができそうですね！

NO 02

入力されたものが数字かどうか調べる

まずは「文字列の中身が数字だけかどうか」をチェックするisdigit（イズディジット）メソッドを使ってみよう

それを使えば、input関数で入力したものが数値か判断できますよね

そういうこと。カンがいいね！

isdigitメソッドの書き方

isdigitメソッドは文字列用のメソッドで、文字列の中身が0～9の数字だけの場合はTrue、そうでない場合はFalseを返します。isdigitメソッドは引数を1つも取らないので、メソッド名のあとにカッコだけを書きます。

文字列　数字のみ

```
'文字列'.isdigit()
```

読み下し

文字列は数字のみか？

冒頭の会話でも触れたように、input関数でユーザーに入力してもらった文字列が、数値に変換可能かを調べるために使います。ただし注意が必要なのは、このメソッドの働きは「数字のみか」を調べるだけだということです。例えば、「-40」のようにマイナスを含む場合や、「1.08」のように小数点のピリオドを含む場合はFalseを返します。つまり、isdigitメソッド単体では正の整数に変換できることしか判定できません。

'4567'.isdigit() ── Trueを返す

'-40'.isdigit() ── Falseを返す

'1.08'.isdigit() ── Falseを返す

isdigitメソッドを使ってみよう

実際に使ってみましょう。Chapter 1でも何度か書いたinput関数でユーザーに入力してもらい、isdigitメソッドで判定した結果を表示します。

■chap2_2_1.py

```
text = input('入力せよ')
print(text.isdigit())
```

（注釈：1行目 変数text 入れろ 入力させる 文字列「入力せよ」／2行目 表示しろ 変数text 数字のみ）

読み下し文

1 文字列「入力せよ」を表示してユーザーに入力させ、結果を変数textに入れろ

2 変数textは数字のみかを表示しろ

実行してみましょう。「入力せよ」と表示されるので、まずは正の整数を入力して Enter キーを押してみてください。Trueと表示されるはずです。

```
IDLE Shell 3.9.5
File Edit Shell Debug Options Window Help
Python 3.9.5 (tags/v3.9.5:0a7dcbd, May  3 2021, 17:27:52) [MSC v.1928 64 bit (AM
D64)] on win32
Type "help", "copyright", "credits" or "license()" for more information.
>>>
=========== RESTART: C:¥Users¥ohtsu¥Documents¥furipyBig¥chap2_2_1.py ===========
入力せよ1234
True
>>>
```

もう一度プログラムを実行して、数字以外のものを入力してみてください。数字以外が含まれていたら、Falseと表示されます。

```
IDLE Shell 3.9.5
File Edit Shell Debug Options Window Help
Python 3.9.5 (tags/v3.9.5:0a7dcbd, May  3 2021, 17:27:52) [MSC v.1928 64 bit (AM
D64)] on win32
Type "help", "copyright", "credits" or "license()" for more information.
>>>
=========== RESTART: C:¥Users¥ohtsu¥Documents¥furipyBig¥chap2_2_1.py ===========
入力せよハロー！
False
>>>
```

整数以外のものも判定したいときは、どうしたらいいんですか？

そういう場合は正規表現と呼ばれる文字列のパターン判定などを利用するんだ。ただ、正規表現の話をすると条件分岐と離れすぎてしまうので、今回は触れないことにするよ

NO 03

数字が入力されたら計算する

次はisdigitメソッドとif（イフ）文を組み合わせてみよう

組み合わせるとどうなるんですか？

組み合わせると、isdigitメソッドの結果にあわせて何をするのかが書けるんだよ

if文の書き方を覚えよう

if文は条件分岐の基本になる文です。ifのあとに書いた式の結果がTrueだったら、その次の字下げされている部分に進みます。Falseだった場合は字下げ部分をスキップして次に進みます。ここでいう式とは、演算子を使った式だけでなく、関数やメソッドなども含みます。

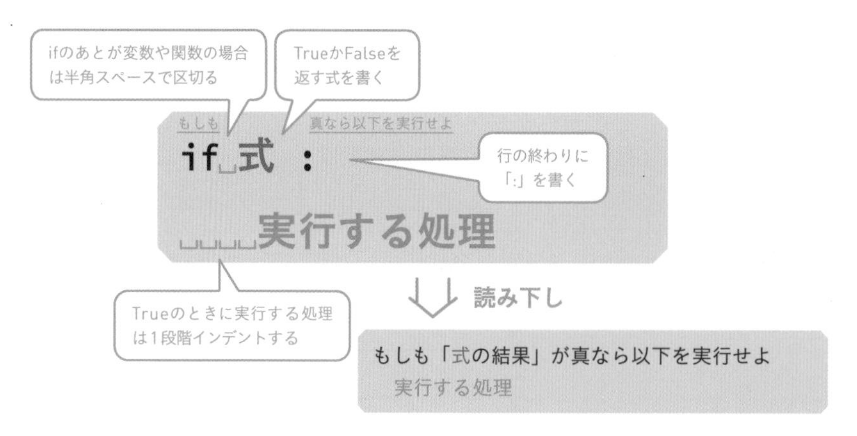

if文では、「実行する処理」の行頭を字下げして、if文の対象であることを示します。この字下げを「インデント」といいます。Pythonのコーディング規約では、行頭に半角スペースを4つ入れて字下げします。IDLEのエディタウィンドウでは、Tabキーを押すと自動的に4字分の半角スペースが入ります。

文字列が数字だったらメッセージを表示する

if文を使って、文字列が数字だったときに、メッセージを表示するようにしてみましょう。ifのあとに半角スペースを空けてisdigitメソッドを書きます。isdigitメソッドは文字列が数字のみのときはTrueを返すので、その場合はif文の働きで3行目のprint関数に進みます。

■chap2_3_1.py

```
text = input('入力せよ')
if text.isdigit():
    print('数字です')
```

(ふりがな: 1行目 変数text／入れろ／入力させる／文字列「入力せよ」、2行目 もしも／変数text／数字のみ／真なら以下を実行せよ、3行目 4字下げ／表示しろ／文字列「数字です」)

本書ではifの行末の「:（コロン）」に「真なら以下を実行せよ」とふりがなを振っています。本来この「:」は次の行からインデントすることを表すだけなのですが、読み下したときに意味が通じるよう「Trueのときに実行する」というニュアンスを取り込みました。

読み下し文

1 文字列「入力せよ」を表示してユーザーに入力させ、結果を変数textに入れろ
2 もしも「変数textは数字のみ」が真なら以下を実行せよ
3 　文字列「数字です」を表示しろ

プログラムを実行すると、正の整数を入力したときに「True」ではなく「数字です」と表示されます。

```
IDLE Shell 3.9.5
File Edit Shell Debug Options Window Help
Python 3.9.5 (tags/v3.9.5:0a7dcbd, May  3 2021, 17:27:52) [MSC v.1928 64 bit (AMD64)] on win32
Type "help", "copyright", "credits" or "license()" for more information.
>>>
=========== RESTART: C:¥Users¥ohtsu¥Documents¥furipyBig¥chap2_3_1.py ===========
入力せよ50
数字です
>>>
```

数字のときは計算する

メッセージを表示するだけでなく、戻り値がTrueのときだけ何かの仕事をするようにしてみましょう。3行目を書き替えて、Chapter 1-10で試した「文字列を整数化して100から引く」文に変更します。

■chap2_3_2.py

変数text　入れろ　入力させる　文字列「数字を入力せよ」

```
1  text = input('数字を入力せよ')
```

もしも　変数text　数字のみ　真なら以下を実行せよ

```
2  if␣text.isdigit():
```

表示しろ　数値100　引く　整数化　変数text

```
3  ␣␣␣␣print(100 - int(text))
```

4字下げ

読み下し文

1 文字列「数字を入力せよ」を表示してユーザーに入力させ、結果を変数textに入れろ

2 もしも「変数textは数字のみ」が真なら以下を実行せよ

3 　数値100から変数textを整数化したものを引いた結果を表示しろ

正の整数を入力したときに、100から引いた結果が表示されます。

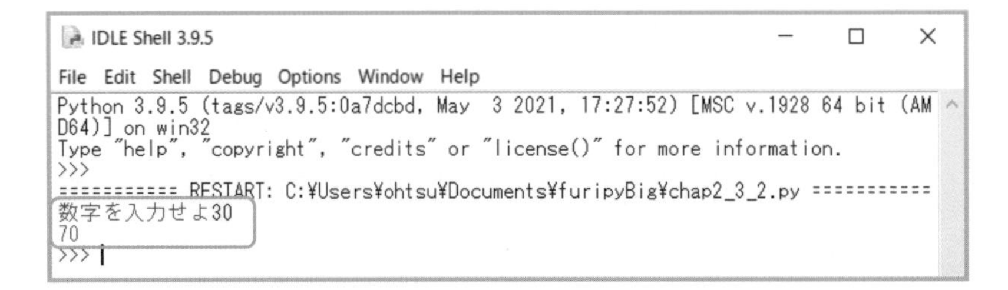

結果だけ見るとChapter 1-10のサンプルと変わらないですよね

そうだね。でも今回は間違って数字以外を入力したときにエラーが出ない。プログラムの利用者を驚かせないようにしたんだ

```
IDLE Shell 3.9.5
File Edit Shell Debug Options Window Help
Python 3.9.5 (tags/v3.9.5:0a7dcbd, May  3 2021, 17:27:52) [MSC v.1928 64 bit (AMD64)] on win32
Type "help", "copyright", "credits" or "license()" for more information.
>>>
=========== RESTART: C:¥Users¥ohtsu¥Documents¥furipyBig¥chap2_3_2.py ===========
数字を入力せよabc
>>>
```

なるほど、数字以外を入力するとプログラムがそのまま終了するんですね

インデントとブロック

インデント（行頭の字下げ）は次のChapter 3のfor文や、Chapter 4のdefでも出てくるので、もう少し説明しておきましょう。先のサンプルではインデントした「実行する処理」は1行だけでしたが、同じようにインデントすれば「実行する処理」を増やすことができます。このインデントした範囲のことを「ブロック」と呼びます。

また、行頭のスペースを削除してインデントしていない状態にすると、ブロックから出たことになります。その部分は上のif文とは関係なくなるので、TrueのときでもFalseのときでも常に実行されます。

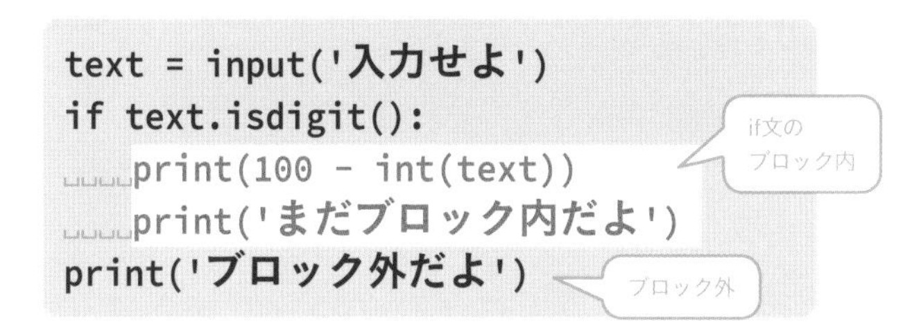

少しややこしいので、フローチャートでも表してみましょう。条件のところを赤いひし形で示しています。Trueの場合はブロック内の文に進み、そのあとブロック外の文に合流します。Falseの場合はブロック外に進みます。

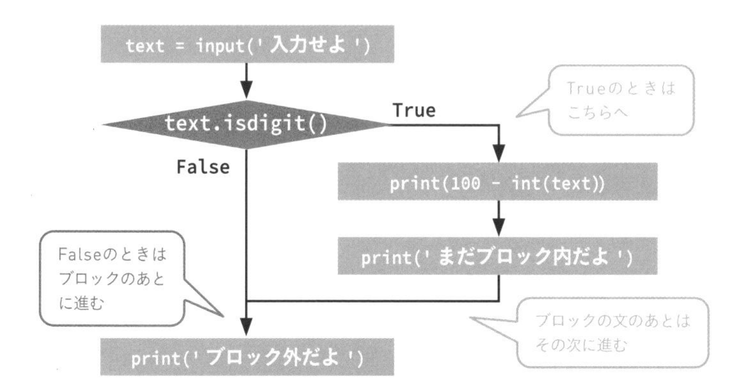

同じ文でもインデントしているかしていないかで働きが変わってくる。Pythonではインデントがとっても大事なんだ

NO 04

数字が入力されていないときに警告する

さっきのプログラムだと数字以外を入力すると何もしないですよね。不親切じゃないですか？

じゃあ、数字以外だったら「数字ではない」と表示させてみよう

else節の書き方を覚えよう

Falseのときにも何かをしたいときは、if文のブロックのあとにelse節（エルスせつ）を追加します。

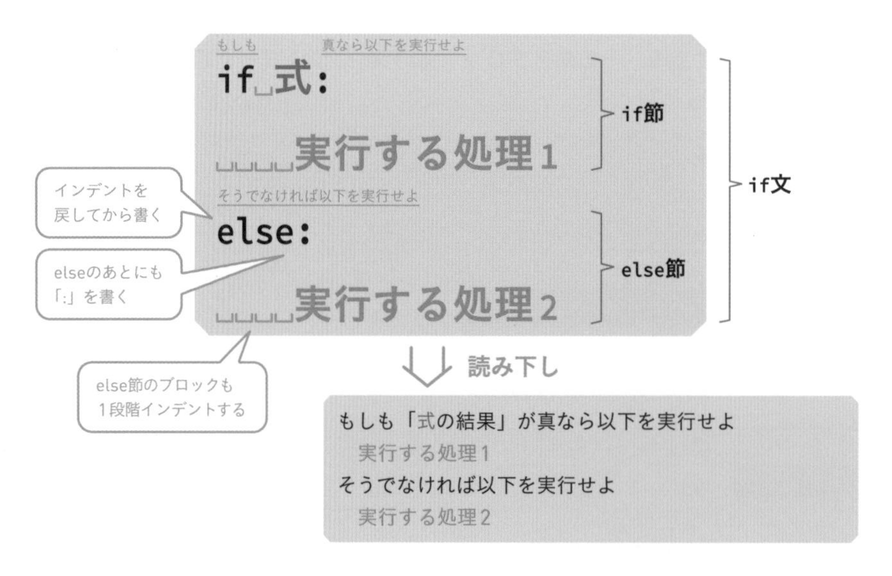

if文のあとにelse「文」を足すのではなく、if「節」からelse「節」まで含めて1つのif「文」です。ですからelse節だけを書くとシンタックスエラー（52ページ参照）になります。

else節を追加してみよう

else節を使ったプログラムを書いてみましょう。3行目まではさっきのchap2_3_2.pyと同じなので、全部入力するのが面倒だったらそこに2行追加してもかまいません。

■chap2_4_1.py

```
変数text 入れろ 入力させる 文字列「数字を入力せよ」
1 text = input('数字を入力せよ')
もしも 変数text 数字のみ 真なら以下を実行せよ
2 if␣text.isdigit():
表示しろ 数値100 引く 整数化 変数text
3 4字下げ␣␣␣␣print(100 - int(text))
そうでなければ以下を実行せよ
4 else:
表示しろ 文字列「数字ではない」
5 4字下げ␣␣␣␣print('数字ではない')
```

読み下し文

1 文字列「数字を入力せよ」を表示してユーザーに入力させ、結果を変数textに入れろ
2 もしも「変数textは数字のみ」が真なら以下を実行せよ
3 　数値100から変数textを整数化したものを引いた結果を表示しろ
4 そうでなければ以下を実行せよ
5 　文字列「数字ではない」を表示しろ

このプログラムを実行すると、正の整数を入力した場合は、if節のブロック内に進むので同じように100から引いた結果を表示します。

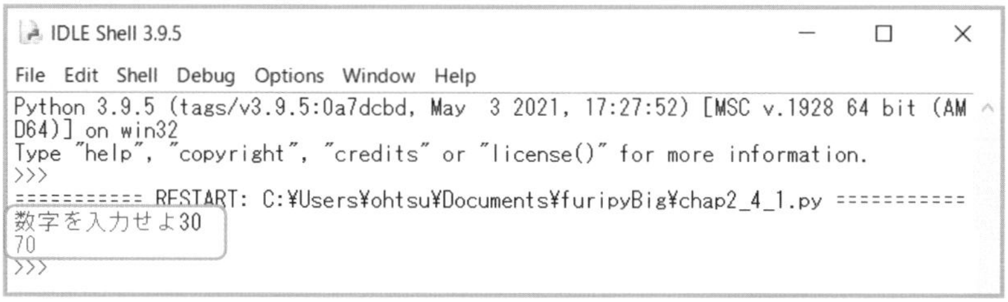

```
IDLE Shell 3.9.5
File Edit Shell Debug Options Window Help
Python 3.9.5 (tags/v3.9.5:0a7dcbd, May  3 2021, 17:27:52) [MSC v.1928 64 bit (AMD64)] on win32
Type "help", "copyright", "credits" or "license()" for more information.
>>>
=========== RESTART: C:¥Users¥ohtsu¥Documents¥furipyBig¥chap2_4_1.py ===========
数字を入力せよ30
70
>>>
```

正の整数以外のものを入力した場合は、else節のブロックに進むので、「数字ではない」と表示します。

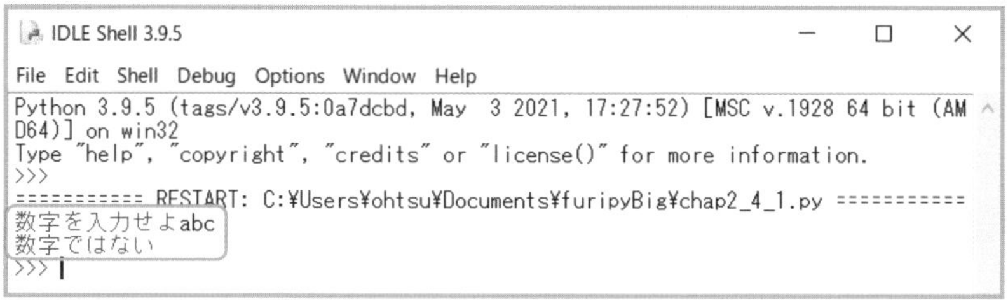

```
IDLE Shell 3.9.5
File Edit Shell Debug Options Window Help
Python 3.9.5 (tags/v3.9.5:0a7dcbd, May  3 2021, 17:27:52) [MSC v.1928 64 bit (AMD64)] on win32
Type "help", "copyright", "credits" or "license()" for more information.
>>>
=========== RESTART: C:¥Users¥ohtsu¥Documents¥furipyBig¥chap2_4_1.py ===========
数字を入力せよabc
数字ではない
>>>
```

ちなみに漢数字を入力した場合も、「数字ではない」と表示します。

```
IDLE Shell 3.9.5
File Edit Shell Debug Options Window Help
Python 3.9.5 (tags/v3.9.5:0a7dcbd, May  3 2021, 17:27:52) [MSC v.1928 64 bit (AMD64)] on win32
Type "help", "copyright", "credits" or "license()" for more information.
>>>
=========== RESTART: C:¥Users¥ohtsu¥Documents¥furipyBig¥chap2_4_1.py ===========
数字を入力せよ百五十
数字ではない
>>>
```

へー、漢数字はFalseになるんですね

そうなんだよ。ちなみに全角のアラビア数字だったら、isdigitメソッドはTrueを返すよ

フローチャートを見てみましょう。Falseの場合はブロックの次に進むのではなく、else節のブロックに進んでから、ブロックの外に進みます。今回のサンプルではelse節のあとは何もないので、プログラムが終了します。

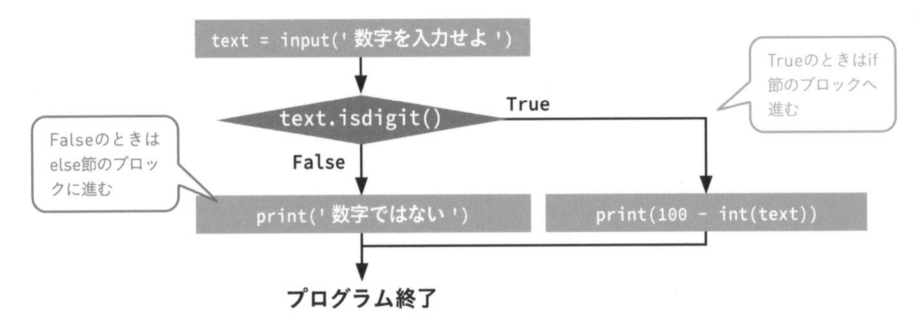

変数のところに実際の値を当てはめる

プログラムを実行した結果とフローチャートは理解できるんですよ。でも、プログラムや読み下し文を読んだときに、どうしてそういう結果になるのかが今ひとつ理解できないんです……

なるほどね。読み下し文を一緒にじっくり読んでみよう

次の図はサンプルプログラムの読み下し文からif文のところだけを抜き出し、さらに変数textの部分に実際の文字列を当てはめてみたものです。

ユーザーが「30」と入力した場合、「'30'は数字のみ」は真です。ですからその直下の文を実行します。逆にそのあとの「そうでなければ～」の部分は該当しないので、その直下の文は実行しません。

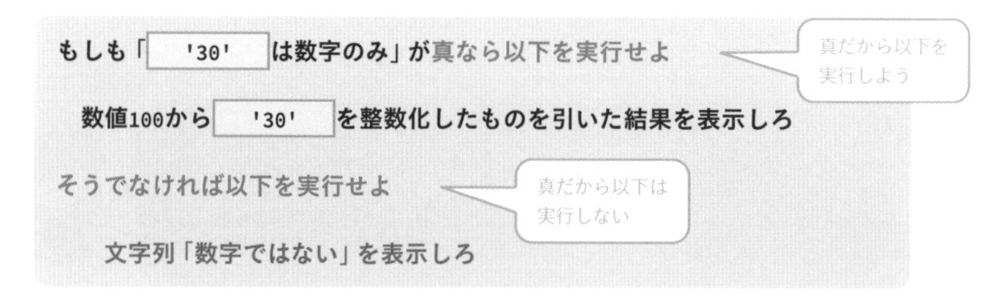

ユーザーが「Hello」と入力した場合、「'Hello'は数字のみ」は真ではないので、その直下の文は実行しません。逆にそのあとの「そうでなければ～」の部分に該当するので、その直下の文を実行します。

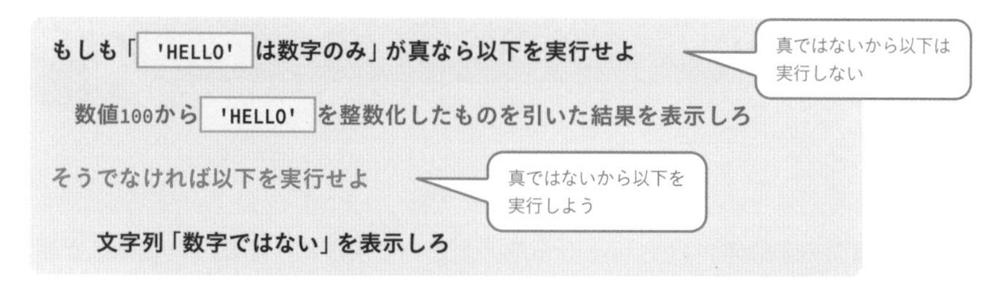

あ、変数のところに実際の値を当てはめてみると、そのとおりに読めますね

よかった！　読み下し文ではなくプログラムを直接読む場合も、意味がわからないときは変数に実際の値を当てはめてみると理解できることがあるよ

変数textに'30'を当てはめてみる

```
if '30'.isdigit():
    print(100 - int('30'))
else:
    print('数字ではない')
```

NO 05

比較演算子で大小を判定する

実は毎月アンケートの集計をしてるんですけど、回答者の年齢を見て「未成年」「成人」とか振り分けないといけないんですよ。Pythonのプログラムでできませんか？

すぐにアンケートを振り分けるプログラムは作れないけど、年齢層を判定するプログラムなら作れるよ

判定のやりかただけでもいいので教えてください

比較演算子の使い方を覚えよう

年齢層の判定とは、「20歳未満なら未成年」「20歳以上なら成人」というように、与えられた数値が基準値より大きいか小さいかを調べることです。Pythonで大きい、小さい、等しいといった判定を行うには、比較演算子を使った式を書きます。

主な比較演算子

演算子	読み方	例
<	左辺は右辺より小さい	a < b
<=	左辺は右辺以下	a <= b
>	左辺は右辺より大きい	a > b
>=	左辺は右辺以上	a >= b
==	左辺と右辺は等しい	a == b
!=	左辺と右辺は等しくない	a != b
in	左辺は右辺に含まれる	a in b
not in	左辺は右辺に含まれない	a not in b

「==」や「!=」などの2つの記号を組み合わせた演算子もありますが、数学で習う「不等式」と似ています。ただし、数学の不等式は解（答え）を求めるための前提条件を表すものですが、プログラムの比較演算子は、計算の演算子と同じように結果を出すための命令です。その結果とはTrueかFalseです。

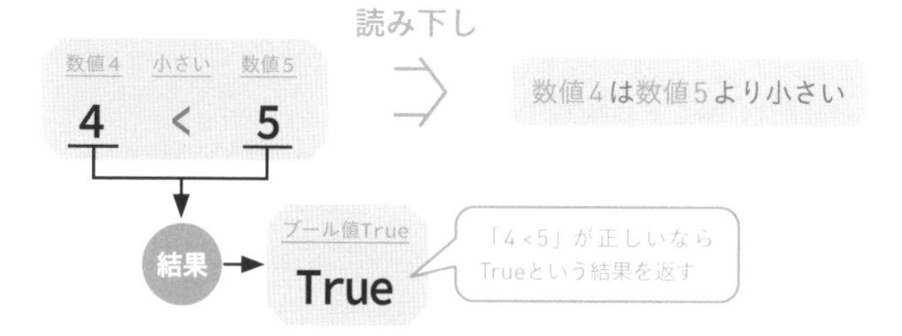

比較する式の結果を見てみよう

実際にプログラムを書いて確認してみましょう。比較演算子を使った式をprint関数の引数にして、式の結果を表示させます。

■chap2_5_1.py

表示しろ　数値4 小さい 数値5

```
1  print(4 < 5)
```

読み下し文

1 「数値4は数値5より小さい」の結果を表示しろ

```
IDLE Shell 3.9.5
File Edit Shell Debug Options Window Help
Python 3.9.5 (tags/v3.9.5:0a7dcbd, May  3 2021, 17:27:52) [MSC v.1928 64 bit (AM
D64)] on win32
Type "help", "copyright", "credits" or "license()" for more information.
>>>
=========== RESTART: C:¥Users¥ohtsu¥Documents¥furipyBig¥chap2_5_1.py ===========
True
>>>
```

「数値4は数値5より小さい」は当然正しいですね。ですから表示される結果はTrueです。では、正しくない式だったらどうなるのでしょうか？

■chap2_5_2.py

表示しろ　数値6 小さい 数値5

```
1  print(6 < 5)
```

読み下し文

1 「数値6は数値5より小さい」の結果を表示しろ

```
IDLE Shell 3.9.5
File Edit Shell Debug Options Window Help
Python 3.9.5 (tags/v3.9.5:0a7dcbd, May  3 2021, 17:27:52) [MSC v.1928 64 bit (AMD64)] on win32
Type "help", "copyright", "credits" or "license()" for more information.
>>>
=========== RESTART: C:¥Users¥ohtsu¥Documents¥furipyBig¥chap2_5_2.py ===========
False
>>>
```

「数値6は数値5より小さい」は正しくありません。その場合の結果はFalseになります。

決まった数値同士の比較だと結果は常に同じです。しかし、比較演算子の左右のどちらか、もしくは両方が変数だったら、変数に入れた数値によって結果が変わることになります。また、式の結果はTrueかFalseになりますから、if文と組み合わせて使えるのです。

if文と比較する式を組み合わせる

実際にif文と組み合わせて使ってみましょう。input関数でユーザーに年齢を入力してもらい、その結果をint関数で整数に変換します。その数値が20未満だったら「未成年」と表示します。

■chap2_5_3.py

```
1 text = input('年齢は？')
2 age = int(text)
3 if age < 20:
4     print('未成年')
```

変数text 入れろ 入力させる 文字列「年齢は？」
変数age 入れろ 整数化 変数text
もしも 変数age 小さい 数値20 真なら以下を実行せよ
4字下げ 表示しろ 文字列「未成年」

読み下し文

1 文字列「年齢は？」を表示してユーザーに入力させ、結果を変数textに入れろ
2 変数textを整数化して変数ageに入れろ
3 もしも「変数ageは数値20より小さい」が真なら以下を実行せよ
4 　文字列「未成年」を表示しろ

プログラムを動かして入力してみましょう。20歳未満の年齢を入力した場合は、「未成年」と表示されます。20歳以上の年齢を入力した場合は何も表示されません。

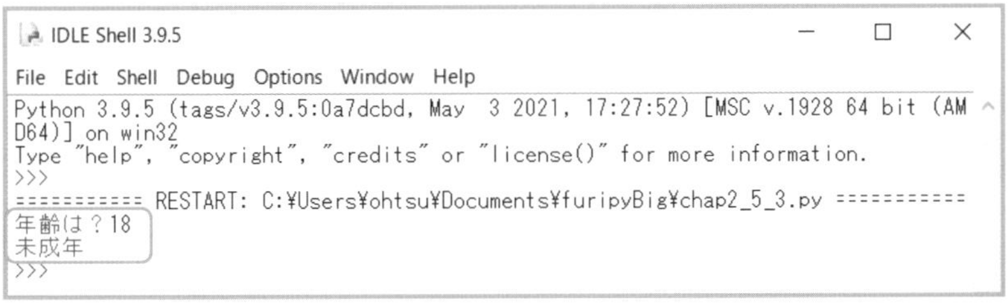

```
IDLE Shell 3.9.5
File Edit Shell Debug Options Window Help
Python 3.9.5 (tags/v3.9.5:0a7dcbd, May  3 2021, 17:27:52) [MSC v.1928 64 bit (AM
D64)] on win32
Type "help", "copyright", "credits" or "license()" for more information.
>>>
=========== RESTART: C:¥Users¥ohtsu¥Documents¥furipyBig¥chap2_5_3.py ===========
年齢は？18
未成年
>>>
```

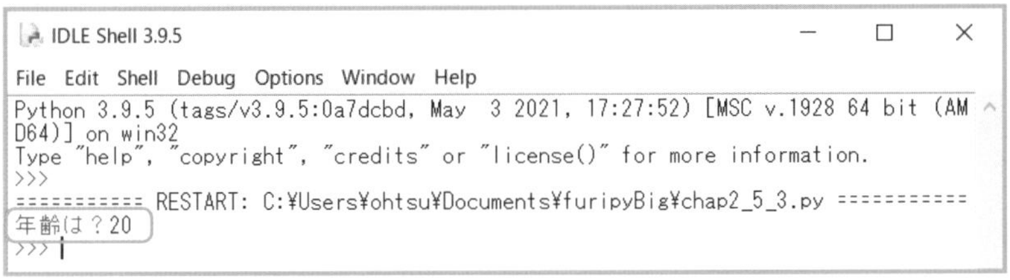

```
IDLE Shell 3.9.5
File Edit Shell Debug Options Window Help
Python 3.9.5 (tags/v3.9.5:0a7dcbd, May  3 2021, 17:27:52) [MSC v.1928 64 bit (AM
D64)] on win32
Type "help", "copyright", "credits" or "license()" for more information.
>>>
=========== RESTART: C:¥Users¥ohtsu¥Documents¥furipyBig¥chap2_5_3.py ===========
年齢は？20
>>>
```

else節を書けば、20歳未満ではないときに「成人」と表示することもできますね

そういうことだね

文字列を比較する

比較演算子を使って文字列を比較することもできます。よく使われるのは、等しいときにTrueを返す「==」、等しくないときにTrueを返す「!=」です。

'apple' == 'apple'	結果はTrue
'apple' == 'orange'	結果はFalse
'apple' != 'apple'	結果はFalse
'apple' != 'orange'	結果はTrue

また、文字列に特定の文字が含まれている、もしくは含まれていないことを判定したいときは、inやnot inという演算子を使います。

'a' in 'apple'	「'apple'に'a'が含まれている」は正しいので結果はTrue
'a' not in 'apple'	「'apple'に'a'は含まれていない」は正しくないので結果はFalse
'b' in 'apple'	「'apple'に'b'が含まれている」は正しくないので結果はFalse
'b' not in 'apple'	「'apple'に'b'は含まれていない」は正しいので結果はTrue

NO 06

3段階以上に分岐させる

「未成年」「成人」「高齢者」の3つで判定したいときはどうしたらいいでしょうか？

そういうときはelif節を追加して、複数の条件を書くんだ

elif節の書き方を覚えよう

if文にelif（エルイフ）節を追加すると、if文に複数の条件を持たせることができます。elif節は「else if」の略で、本書では「そうではなく『〜〜』が真なら以下を実行せよ」と読み下します。

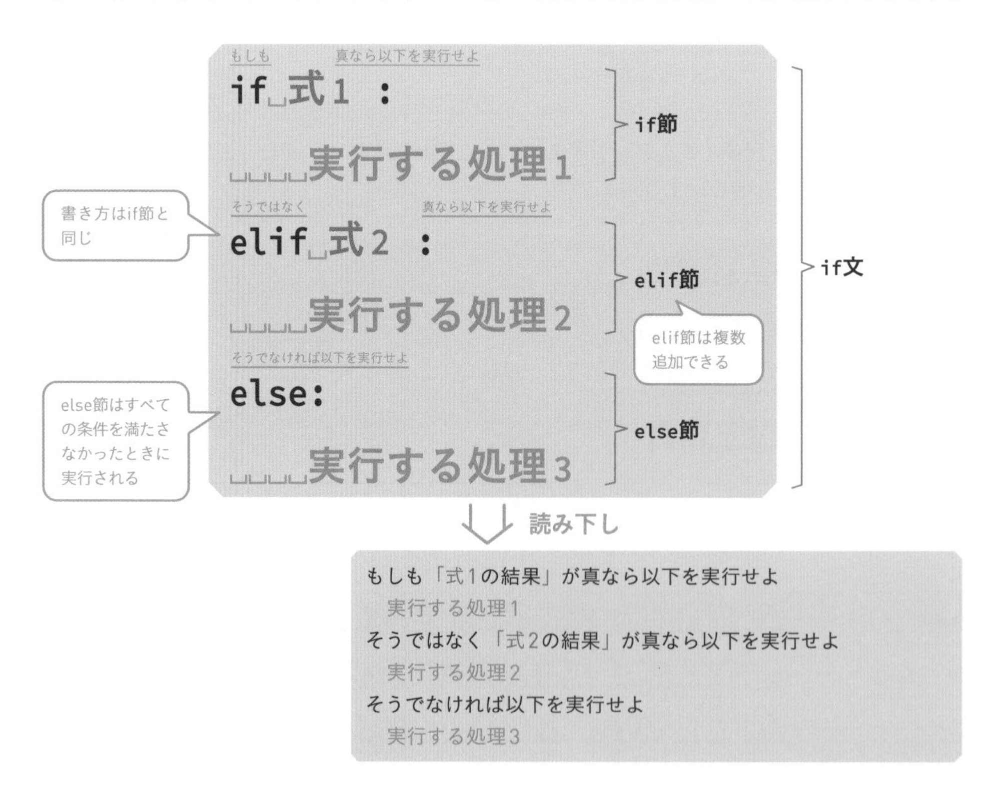

もしも「式1の結果」が真なら以下を実行せよ
　実行する処理1
そうではなく「式2の結果」が真なら以下を実行せよ
　実行する処理2
そうでなければ以下を実行せよ
　実行する処理3

実際の例を見たほうがわかりやすいので、「未成年」「成人」「高齢者」の3段階で判定するプログラムを書いてみましょう。elif節を追加し、「20歳未満」と「65歳未満」の2つの条件で判定します。

■chap2_6_1.py

```
text = input('年齢は？')
age = int(text)
if age < 20:
    print('未成年')
elif age < 65:
    print('成人')
else:
    print('高齢者')
```

1 変数text 入れろ 入力させる 文字列「年齢は？」
2 変数age 入れろ 整数化 変数text
3 もしも 変数age 小さい 数値20 真なら以下を実行せよ
4 4字下げ 表示しろ 文字列「未成年」
5 そうではなく 変数age 小さい 数値65 真なら以下を実行せよ
6 4字下げ 表示しろ 文字列「成人」
7 そうでなければ以下を実行せよ
8 4字下げ 表示しろ 文字列「高齢者」

読み下し文

1 文字列「年齢は？」を表示してユーザーに入力させ、結果を変数textに入れろ
2 変数textを整数化して変数ageに入れろ
3 もしも「変数ageは数値20より小さい」が真なら以下を実行せよ
4 　文字列「未成年」を表示しろ
5 そうではなく「変数ageは数値65より小さい」が真なら以下を実行せよ
6 　文字列「成人」を表示しろ
7 そうでなければ以下を実行せよ
8 　文字列「高齢者」を表示しろ

プログラムを何回か実行して、3つの層の年齢を入力してみてください。20歳未満の年齢を入力したときはif節のブロックに進んで「未成年」と表示されます。65歳未満の年齢を入力するとelif節のブロックに進んで「成人」と表示されます。65歳以上の年齢を入力した場合、20歳未満でも65歳未満でもないため、else節のブロックに進んで「高齢者」と表示されます。

```
IDLE Shell 3.9.5
File Edit Shell Debug Options Window Help
Python 3.9.5 (tags/v3.9.5:0a7dcbd, May  3 2021, 17:27:52) [MSC v.1928 64 bit (AM
D64)] on win32
Type "help", "copyright", "credits" or "license()" for more information.
>>>
=========== RESTART: C:¥Users¥ohtsu¥Documents¥furipyBig¥chap2_6_1.py ===========
年齢は？15
未成年
>>>
=========== RESTART: C:¥Users¥ohtsu¥Documents¥furipyBig¥chap2_6_1.py ===========
年齢は？40
成人
>>>
=========== RESTART: C:¥Users¥ohtsu¥Documents¥furipyBig¥chap2_6_1.py ===========
年齢は？78
高齢者
>>>
```

フローチャートで表すと、if節のFalseの先にelif節のひし形がつながります。elif節をさらに増やした場合は、if節とelse節のブロックの間にひし形がさらに追加された図になります。

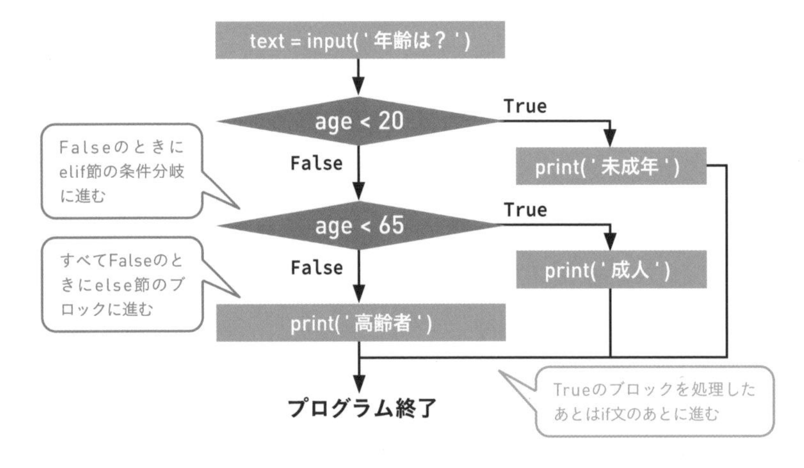

elif節をif節に変えるとどうなる？

ふと思ったんですが、elifのところをifにしたらどうなるんですか？

それはうまくいかないよ。と、くちでいってもピンと来ないだろうから、実際にやってみようか

elifをifに変更してもプログラムはほとんど同じに見えます。しかし実際は大きな違いがあります。if〜elif〜elseは1つのif文と見なされるので、**実行されるブロックはその中のどれか1つだけです**。ところが途中のelifをifにした場合、2つのif文になるので、複数のブロックが実行される可能性が出てきてしまいます。

例えば、chap2_6_1.pyのelifをifに変更して20歳未満の年齢を入力すると、「age<20」と「age<65」の両方ともTrueになるため、「未成年」「成人」の両方が表示されてしまいます。

■chap2_6_1.py（一部変更）

```
text = input('年齢は？')
age = int(text)
if age < 20:
    print('未成年')
if age < 65:
    print('成人')
……後略……
```

（読み下し：1 変数text 入れろ 入力させる 文字列「年齢は？」／2 変数age 入れろ 整数化 変数text／3 もしも 変数age 小さい 数値20 真なら以下を実行せよ／4 4字下げ 表示しろ 文字列「未成年」／5 もしも 変数age 小さい 数値65 真なら以下を実行せよ／6 4字下げ 表示しろ 文字列「成人」）

```
IDLE Shell 3.9.5
File Edit Shell Debug Options Window Help
Python 3.9.5 (tags/v3.9.5:0a7dcbd, May  3 2021, 17:27:52) [MSC v.1928 64 bit (AMD64)] on win32
Type "help", "copyright", "credits" or "license()" for more information.
>>>
=========== RESTART: C:¥Users¥ohtsu¥Documents¥furipyBig¥chap2_6_1.py ===========
年齢は？8
未成年
成人
>>>
```

変数の部分に実際の値を当てはめた読み下し文で確認してみましょう。2つの条件が真となってしまっていますね。

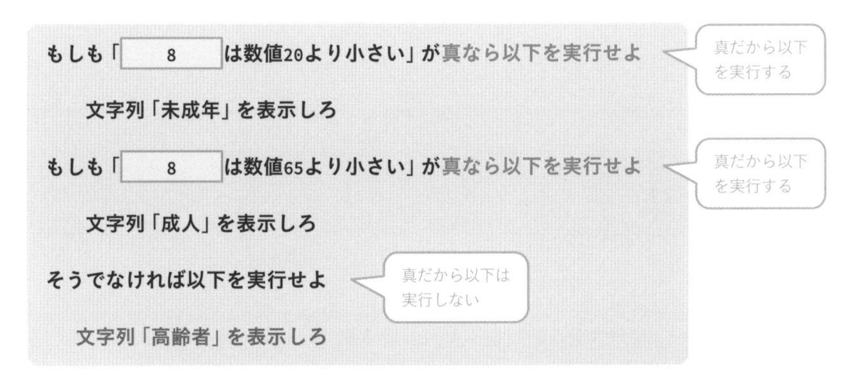

わー、たった2文字削っただけで、正しく処理できなくなっちゃうんですね

NO 07 条件分岐の中に条件分岐を書く

せっかくなので年齢層を判定する前に、エラーが出ないように数字のみのチェックをしたらどうでしょうか

そういう場合は2つのif文を組み合わせて書くんだ

そんなことができるんですね

2つのif文を組み合わせる

「数字のみ」という条件がTrueのときだけ年齢層の判定をしたい場合は、「数字のみ」をチェックするif文のブロック内に年齢判定のif文を書きます。chap2_3_1.pyとchap2_5_3.pyを組み合わせるイメージです。ブロック内にif文を書くので、2つ目のif文のブロックは2段階インデントします（8字下げ）。

■chap2_7_1.py

行	注釈	コード
1	変数text 入れろ 入力させる 文字列「年齢は？」	`text = input('年齢は？')`
2	もしも 変数text 数字のみ 真なら以下を実行せよ	`if text.isdigit():`
3	4字下げ 変数age 入れろ 整数化 変数text	`    age = int(text)`
4	4字下げ もしも 変数age 小さい 数値20 真なら以下を実行せよ	`    if age < 20:`
5	4字下げ 4字下げ 表示しろ 文字列「未成年」	`        print('未成年')`

```
text = input('年齢は？')
if text.isdigit():
    age = int(text)
    if age < 20:
        print('未成年')
```

読み下し文

1 文字列「年齢は？」を表示してユーザーに入力させ、結果を変数textに入れろ
2 もしも「変数textは数字のみ」が真なら以下を実行せよ
3 　変数textを整数化して変数ageに入れろ

4　もしも「変数ageは数値20より小さい」が真なら以下を実行せよ

5　　文字列「未成年」を表示しろ

　数字を入力したときの結果は変わりませんが、数字以外を入力したときは、エラーを出さずにプログラムが終了します。

```
IDLE Shell 3.9.5
File Edit Shell Debug Options Window Help
Python 3.9.5 (tags/v3.9.5:0a7dcbd, May  3 2021, 17:27:52) [MSC v.1928 64 bit (AMD64)] on win32
Type "help", "copyright", "credits" or "license()" for more information.
>>>
=========== RESTART: C:¥Users¥ohtsu¥Documents¥furipyBig¥chap2_7_1.py ===========
年齢は？19
未成年
>>>
=========== RESTART: C:¥Users¥ohtsu¥Documents¥furipyBig¥chap2_7_1.py ===========
年齢は？abc
>>>
```

　フローチャートにすると、１つ目のif文のTrueの先に、２つ目のif文が来ることがわかります。Pythonのプログラムのインデントが深くなるのと同様に、右方向に伸びていきます。

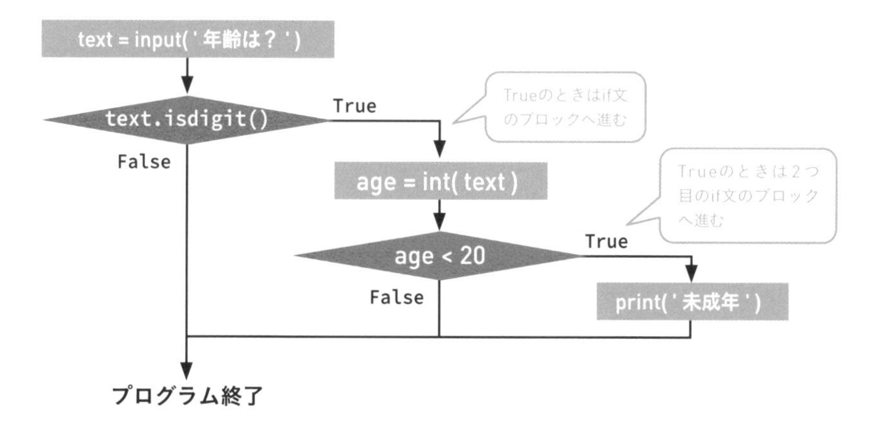

このようにif文のブロックにif文を入れることを、if文の入れ子とかネストとかいうよ

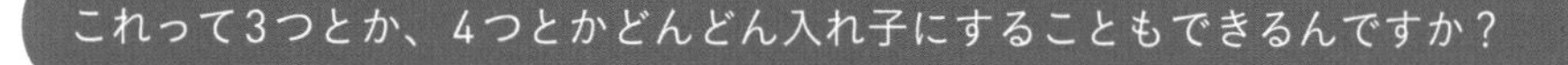

これって3つとか、4つとかどんどん入れ子にすることもできるんですか？

もちろんできるよ。ただ、入れ子が深すぎるとそれだけプログラムが把握しにくくなる。だから、次に説明するブール演算子とか、Chapter 4で説明する関数とかを組み合わせて、構造のシンプルさを保つ工夫が必要なんだ

NO 08

複数の比較式を組み合わせる

今度は6〜15歳だけを判定したいです

それは義務教育期間だね。2つの数値の範囲内にあるかどうかで判定したいときは、ブール演算子を利用するんだ

ブール演算子の書き方を覚えよう

ブール演算子はブール値（TrueかFalse）を受けとって結果を返す演算子で、and（アンド）、or（オア）、not（ノット）の3種類があります。

1つ目のand演算子は左右の値が両方ともTrueのときだけTrueを返します。この説明ではピンと来ないかもしれませんが、値の代わりに比較演算子を使った式を左右に置いてみてください。比較演算子はTrueかFalseを返すので、2つの式が同時にTrueを返したときだけ、and演算子の結果もTrueになります。

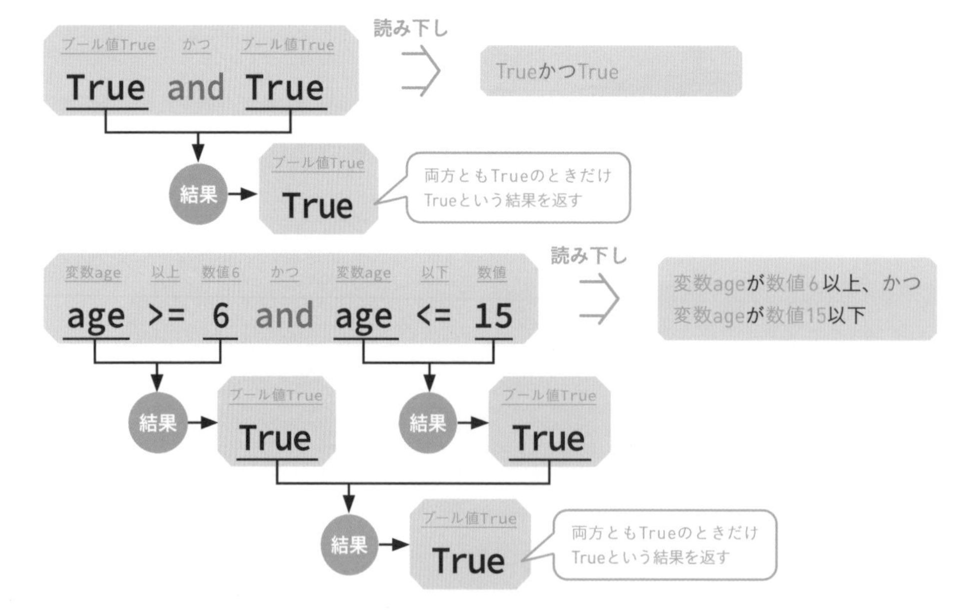

and演算子は「AかつB」と訳すことが多いので、本書でもそれにならって「かつ」と読み下します。

義務教育の対象かどうかをチェックする

6～15歳という範囲は「6以上」と「15以下」という2つの条件を組み合わせたものですから、and演算子を使えば1つのif文で判定できます。

■chap2_8_1.py

```
1  text = input('年齢は？')
2  age = int(text)
3  if age >= 6 and age <= 15:
4      print('義務教育の対象')
```

（ふりがな）
1: 変数text 入れろ 入力させる 文字列「年齢は？」
2: 変数age 入れろ 整数化 変数text
3: もしも 変数age ❶以上 数値6 ❸かつ 変数age ❷以下 数値15 真なら以下を実行せよ
4: 4字下げ 表示しろ 文字列「義務教育の対象」

読み下し文

1 文字列「年齢は？」を表示してユーザーに入力させ、結果を変数textに入れろ
2 変数textを整数化して変数ageに入れろ
3 もしも「変数ageが数値6以上、かつ変数ageが数値15以下」が真なら以下を実行せよ
4 　文字列「義務教育の対象」を表示しろ

プログラムを実行して、6～15歳の間の年齢を入力してみてください。「義務教育の対象」と表示されます。

```
IDLE Shell 3.9.5
File Edit Shell Debug Options Window Help
Python 3.9.5 (tags/v3.9.5:0a7dcbd, May  3 2021, 17:27:52) [MSC v.1928 64 bit (AMD64)] on win32
Type "help", "copyright", "credits" or "license()" for more information.
>>>
=========== RESTART: C:¥Users¥ohtsu¥Documents¥furipyBig¥chap2_8_1.py ===========
年齢は？8
義務教育の対象
>>>
```

and演算子を使う代わりに、if文を入れ子にしても同じことができる。でも、こういう判定だったらand演算子を使ったほうがわかりやすいよ

「6～15歳で1つの条件」って形にできますもんね

幼児と高齢者だけを対象にする

今度はor演算子を使ってみましょう。or演算子は左右のどちらか一方でもTrueのときにTrueを返し、「または」と読み下します。

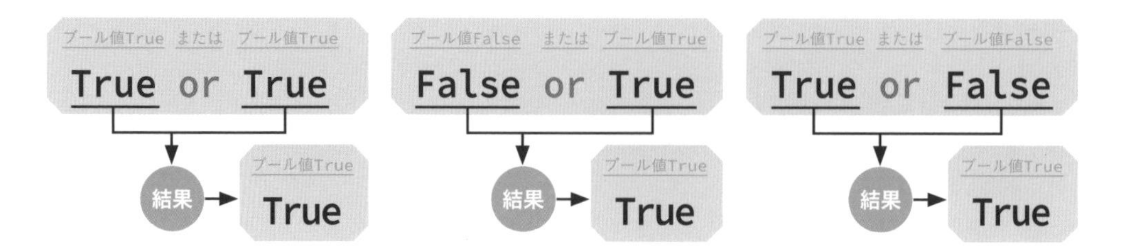

次のプログラムでは、年齢が5歳以下または65歳以上の場合に「幼児と高齢者」と表示します。

■chap2_8_2.py

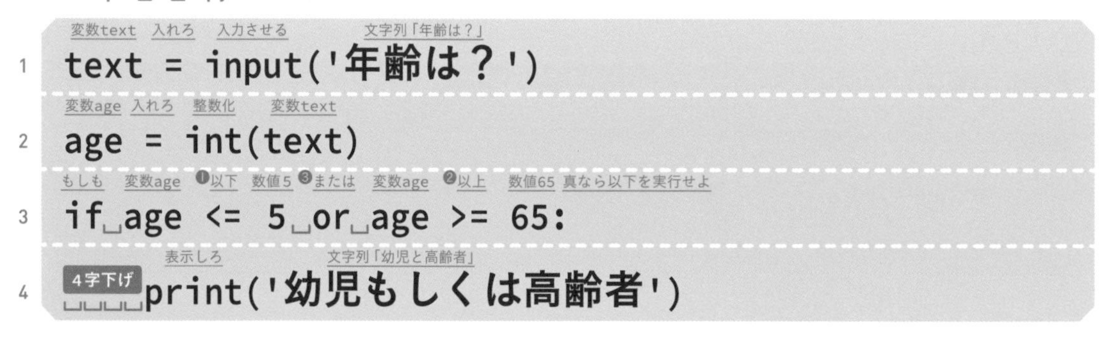


```
1  text = input('年齢は？')
2  age = int(text)
3  if age <= 5 or age >= 65:
4      print('幼児もしくは高齢者')
```

読み下し文

1. 文字列「年齢は？」を表示してユーザーに入力させ、結果を変数textに入れろ
2. 変数textを整数化して変数ageに入れろ
3. もしも「変数ageが5以下、または変数ageが65以上」が真なら以下を実行せよ
4. 　文字列「幼児もしくは高齢者」を表示しろ

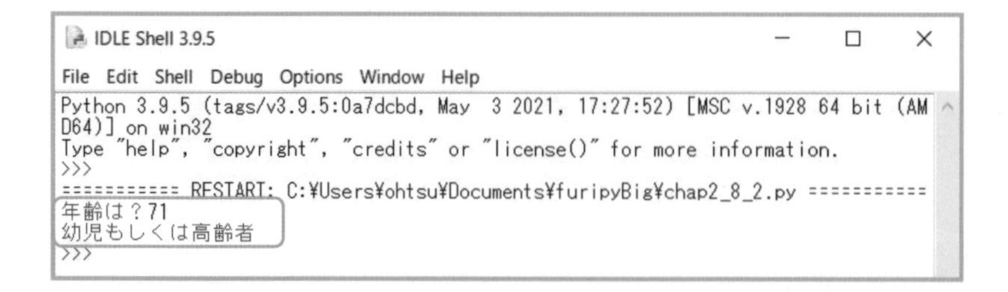

not演算子を使ってFalseのときだけ実行する

3つ目のnot演算子は、直後（右側）にあるTrueとFalseを逆転します。ブール値を返す関数やメソッドの戻り値を逆転させたい場合などに使います。isdigitメソッドは文字列が数字のみのときにTrueを返しますが、文字列が「数字のみではない」ときに何かしたい場合は、not演算子を組み合わせます。

■chap2_8_3.py

変数text　入れろ　入力させる　文字列「年齢は？」

もしも　ではない　変数text　数字のみ　真なら以下を実行せよ

表示しろ　文字列「数値を入力して」

```
1 text = input('年齢は？')
2 if not text.isdigit():
3     print('数値を入力して')
```

4字下げ

本書ではnot演算子を「ではない」と読み下します。

読み下し文

1 文字列「年齢は？」を表示してユーザーに入力させ、結果を変数textに入れろ

2 もしも「変数textは数字のみではない」が真なら以下を実行せよ

3 　文字列「数値を入力して」を表示しろ

```
IDLE Shell 3.9.5
File Edit Shell Debug Options Window Help
Python 3.9.5 (tags/v3.9.5:0a7dcbd, May  3 2021, 17:27:52) [MSC v.1928 64 bit (AMD64)] on win32
Type "help", "copyright", "credits" or "license()" for more information.
>>>
=========== RESTART: C:¥Users¥ohtsu¥Documents¥furipyBig¥chap2_8_3.py ===========
年齢は？四十七
数値を入力して
>>>
```

Pythonでは「下限 <= 変数 <= 上限」とも書ける

chap2_8_1.pyで「age >= 6 and age <= 15」という式を見せましたが、「6 <= age <=15」と書くこともできます。このほうが、下限～上限という条件だということがわかりやすいですね。

```
if 6 <= age <= 15:
```

NO 09

年齢層を分析するプログラムを作ってみよう

ここまでに作った「数字のみかどうかの判定」「年齢層の判定」「義務教育期間の判定」を組み合わせてみよう

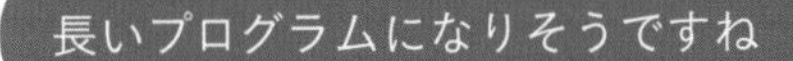

ちょっとだけね

年齢層を分析するプログラムの仕様

プログラムを書き始める前に、プログラムの仕様を整理しておきましょう。

- **ユーザーに年齢を入力させる**
- **入力した文字列が数字のみのときだけ年齢層の判定を行う**
- **年齢に応じて「未成年」「成人」「高齢者」の3つの結果を表示する**
- **未成年のうち、義務教育期間の場合は「未成年（義務教育期間）」と表示する**

プログラムの実行結果は次のとおりです。

```
=========== RESTART: C:¥Users¥ohtsu¥Documents¥furipyBig¥chap2_9_2.py ===========
年齢は？9
未成年（義務教育）
>>>
=========== RESTART: C:¥Users¥ohtsu¥Documents¥furipyBig¥chap2_9_2.py ===========
年齢は？18
未成年
>>>
=========== RESTART: C:¥Users¥ohtsu¥Documents¥furipyBig¥chap2_9_2.py ===========
年齢は？28
成人
>>>
=========== RESTART: C:¥Users¥ohtsu¥Documents¥furipyBig¥chap2_9_2.py ===========
年齢は？82
高齢者
>>> |
```

「数字のみ判定」のブロック内に「3段階の判定」を書く

先に義務教育期間の判定以外のところを書いていきましょう。ユーザーに年齢を入力させるinput関数を書き、次に数字のみか判定するif文とisdigitメソッドを書きます。そして、if文のブロック内に年齢層を3段階で判定するif～elif～elseを書きます。

■chap2_9_1.py

```
1 text = input('年齢は？')
2 if text.isdigit():
3     age = int(text)
4     if age < 20:
5         print('未成年')
6     elif age < 65:
7         print('成人')
8     else:
9         print('高齢者')
```

ちょうどchap2_7_1.pyの内容にchap2_6_1.pyを継ぎ足したようなプログラムです。4字下げと8字下げが混在するので、インデントに注意して入力してください。インデントを間違えた場合、インデンテーションエラーが表示されます（88ページ参照）。間違え方によってはネームエラーなどが表示されることもあるかもしれません。

読み下し文

1 文字列「年齢は？」を表示してユーザーに入力させ、結果を変数textに入れろ
2 もしも「変数textは数字のみ」が真なら以下を実行せよ
3 　変数textを整数化して変数ageに入れろ
4 　もしも「変数ageは数値20より小さい」が真なら以下を実行せよ
5 　　文字列「未成年」を表示しろ
6 　そうではなく「変数ageは数値65より小さい」が真なら以下を実行せよ
7 　　文字列「成人」を表示しろ
8 　そうでなければ以下を実行せよ
9 　　文字列「高齢者」を表示しろ

この段階のプログラムを実行すると、入力した年齢に応じて3段階の結果が表示されます。数字以外を入力した場合は、プログラムが終了します。

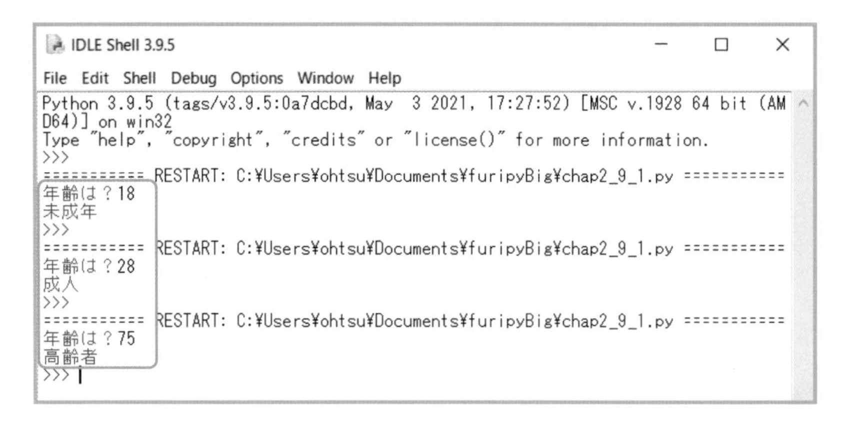

少し長いプログラムを入力するときは、一気に入力せずに、途中段階で実行して動作確認するといいよ。少しずつエラーをつぶしながら書いていけば、予想外のエラーにも遭遇しにくくなるんだ

「空（から）」のデータはFalseと判定される

if文にはブール値を返す式や関数以外を渡すこともできます。数値の0、空（から）の文字列、空のリストや空の辞書などを渡した場合はFalseと見なされ、それ以外はTrueと見なされます。
「空の文字列」というのは、「''」のように文字列を書くためのクォートだけを2つ並べて書いたものです。リストや辞書についてはChapter 3以降で説明しますが、「[]」や「{}」だけを書くとそれぞれ空のリストや辞書が作られます。

```
''  ―― 空の文字列
[]  ―― 空のリスト
{}  ―― 空の辞書
```

空の文字列やリストを作っても意味がないと思うかもしれません。しかし、最初に空の文字列やリストを「容れ物」として作っておき、途中の処理で中に何かを追加していくプログラムもあります。処理が終わったあとで、容れ物に何かが入ったのか空のままなのかをif文でチェックできます。

```
text = ''          ―― 空文字列を作成
if not text:       ―― not演算子を組み合わせ、空（False）のときに処理を実行
    print('空です')
```

義務教育期間の判定を追加する

未成年だったときに義務教育期間かを判定する部分を追加しましょう。「age<20」を確認しているif節のブロック内にif文を書き、6〜15歳なら「'未成年（義務教育）'」と表示し、そうでなければ「未成年」と表示します。

■chap2_9_2.py

```
1  text = input('年齢は？')
2  if text.isdigit():
3      age = int(text)
4      if age < 20:
5          if age >= 6 and age <= 15:
6              print('未成年（義務教育）')
7          else:
8              print('未成年')
9      elif age < 65:
10         print('成人')
11     else:
12         print('高齢者')
```

1行目：変数text 入れろ 入力させる 文字列「年齢は？」
2行目：もしも 変数text 数字のみ 真なら以下を実行せよ
3行目：変数age 入れろ 整数化 変数text
4行目：もしも 変数age 小さい 数値20 真なら以下を実行せよ
5行目：もしも 変数age ❶以上 数値6 ❸かつ 変数age ❷以下 数値15 真なら以下を実行せよ
6行目：表示しろ 文字列「未成年（義務教育）」
7行目：そうでなければ以下を実行せよ
8行目：表示しろ 文字列「未成年」
9行目：そうではなく 変数age 小さい 数値65 真なら以下を実行せよ
10行目：表示しろ 文字列「成人」
11行目：そうでなければ以下を実行せよ
12行目：表示しろ 文字列「高齢者」

5〜7行目が新たに追加した部分です。8行目の「print('未成年')」は変更しませんが、インデントをもう1段階深くします。

読み下し文

1 文字列「年齢は？」を表示してユーザーに入力させ、結果を変数textに入れろ

2 もしも「変数textは数字のみ」が真なら以下を実行せよ

3	変数textを整数化して変数ageに入れろ
4	もしも「変数ageは数値20より小さい」が真なら以下を実行せよ
5	もしも「変数ageが数値6以上、かつ変数ageが数値15以下」が真なら以下を実行せよ
6	文字列「未成年（義務教育）」を表示しろ
7	そうでなければ以下を実行せよ
8	文字列「未成年」を表示しろ
9	そうではなく「変数ageは数値65より小さい」が真なら以下を実行せよ
10	文字列「成人」を表示しろ
11	そうでなければ以下を実行せよ
12	文字列「高齢者」を表示しろ

6～15歳の年齢を入力して「未成年（義務教育）」と表示されることを確認しましょう。

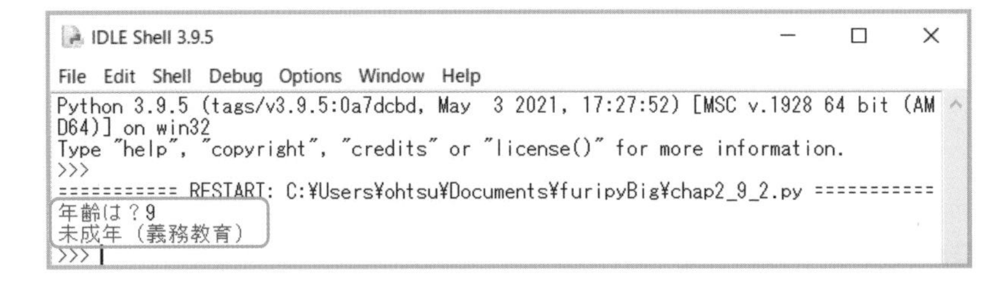

できました！　ちょっと長めのプログラムがちゃんと動くと達成感がありますね

Chapter 5で説明するテキストファイルの読み込み処理と組み合わせれば、実際に仕事で使えるプログラムにできるかもしれないよ

プログラムをより簡潔にするための工夫

このプログラムはちゃんと動くけど、if文が入れ子になってインデントが深くなるプログラムって読みにくいよね

いわれてみるとそうですね

中断するプログラムに変更できれば、もっとシンプルにできるよ

今回のプログラムの場合、入力された文字列が数字のみではない場合、それ以降の部分は実行する必要がありません。not演算子（81ページ参照）を使って「数字のみではない」ときにプログラムを中断してしまえば、それ以降の文はインデントを1段階減らすことができます。

■chap2_9_2.py（改良案）

```
1  text = input('年齢は？')
2  if not text.isdigit():
3      プログラムを中断する文 ―以降は処理する必要がないのでここで中断する
4  age = int(text) ―1段階インデントを解除できる
5  if age < 20:
6      if age >= 6 and age <= 15:
7          print('未成年（義務教育）')
8      else:
   ……後略……
```

（注釈）1行目：変数text 入れろ 入力させる 文字列「年齢は？」／2行目：もしも ではない 変数text 数字のみ 真なら以下を実行せよ／4行目：変数age 入れろ 整数化 変数text／5行目：もしも 変数age 小さい 数値20 真なら以下を実行せよ／6行目：もしも 変数age ❶以上 数値6 ❸かつ 変数age ❷以下 数値15 真なら以下を実行せよ／7行目：表示しろ 文字列「未成年（義務教育）」／8行目：そうでなければ以下を実行せよ

一般的には、年齢を判定する処理を関数にして、return文を使って途中で脱出できるようにします。繰り返し処理のブロックから途中脱出するパターンもあります。繰り返しについてはChapter 3で、関数の作り方についてはChapter 4で解説しているので、興味がある方は挑戦してみてください。

関数から途中で脱出する例

```
def check_age():
    text = input( '年齢は？' )
    if not text.isdigit():
        return ―数字以外が入力されたらここで関数脱出
    age = int( text )
    if age < 20 :
   ……後略……
```

NO 10

エラーメッセージを読み解こう②

インデント絡みのシンタックスエラー

「if ～:」の次の行など、インデントが必要なところでインデントしていない場合、インデンテーションエラーが表示されます（注：IDLEではSyntaxErrorとして表示されます）。

エラーが発生しているプログラム

```
text = input('年齢は？')
age = int(text)
if age < 20:
print('未成年（義務教育）')
```

エラーメッセージ

インデントのエラー：　予期する　1つの　インデントされた　ブロック

```
IndentationError: expected an indented block
```

読み下し文

インデントのエラー：1つのインデントされたブロックを予期する

インデントする必要がないところでインデントしている場合も、エラーになります。

エラーが発生しているプログラム

```
text = input('年齢は？')
age = int(text)
    if age < 20:
        print('未成年（義務教育）')
```

エラーメッセージ

インデントのエラー：　予期しない　インデント

```
IndentationError: unexpected indent
```

読み下し文

インデントのエラー：予期しないインデント

インデントしなくても、しすぎてもエラーになるんですね。キビシイ

まぁ、ちゃんと意味にあわせてインデントしてってことだね。ブロック内でそろっていればエラーにはならないけど、キレイにそろえたほうがトラブルは少ないよ

バリューエラー

数字以外の文字を含む文字列がint関数に渡されると、バリューエラーが発生します。バリューエラーは、処理できない値が関数に渡されたときなどに発生します。

エラーが発生しているプログラム

```
int('aaa')
```

エラーメッセージ

値エラー：　不正な　リテラル　対して　int関数　ともに　引数base　数値10　文字列「aaa」

```
ValueError: invalid literal for int() with base
10: 'aaa'
```

読み下し文

値エラー：引数baseが10のint関数に対して不正なリテラル：文字列「aaa」

このエラーメッセージはちょっと理解しにくい部分がありますね。実はint関数はbaseという引数を受けとることができ、それを省略した場合は10というデフォルト値が使われます。つまり「with base 10」は「10進数と見なして変換する」ことを表しており、それができないためにエラーが発生しているのです。ちなみに「int('aaa', base=16)」とした場合はエラーを出さずに変換できます。16進数ではa～f（A～F）という文字を使用するためです。

ifのあとのスペースを忘れた場合

Chapter 1でも触れましたが、ifと直後の変数の間を半角スペースで区切らなかった場合、シンタックスエラーが発生します。行末に「:」があるのに、if文などのブロックを必要とする文がないため、文法的に正しくないからです。

エラーが発生しているプログラム

```
ifage<20:
```

エラーメッセージ

文法エラー： 不正な 文法

```
SyntaxError: invalid syntax
```

読み下し文

文法エラー：不正な文法

行末の「:」も忘れて「ifage<20」と入力した場合、ifageを変数の名前と見なすのでシンタックスエラーにはなりません。しかしifageという変数は作成されていないので、ネームエラーが発生します。

エラーが発生しているプログラム

```
ifage<20
```

エラーメッセージ

名前エラー： 名前 「ifage」 されていない 定義

```
NameError: name 'ifage' is not defined
```

読み下し文

名前エラー：「ifage」という名前は定義されていない

うーん、「スペース忘れてます」とか「コロン忘れてます」とか、具体的に指摘してほしいですよね

まぁ、この手のエラーはPythonに「サッパリわからん！」といわれているようなものだね。ただ、Pythonの身になってみると、人間が本当に変数ifageを比較したいと思っているのかそうじゃないのか、わからないんだよね

NO 11 復習ドリル

問題1：6歳未満なら「幼児」と表示するプログラムを作る

以下の読み下し文を参考にして、そのとおりに動くプログラムを書いてください。
ヒント：chap2_5_3.pyが参考になります。

読み下し文

```
1 文字列「年齢は？」を表示してユーザーに入力させ、結果を変数textに入れろ
2 変数textを整数化して変数ageに入れろ
3 もしも「変数ageは数値6より小さい」が真なら以下を実行せよ
4   文字列「幼児」を表示しろ
```

完成したプログラムを実行すると、6歳未満の数値を入力したときに「幼児」と表示されます。

```
Type "help", "copyright", "credits" or "license()" for more information.
>>>
=========== RESTART: C:¥Users¥ohtsu¥Documents¥furipyBig¥chap2_11_1.py ==========
年齢は？3
幼児
>>>
```

問題2：以下のプログラムの問題点を探す

以下のプログラムには大きな問題があります。ふりがなを振り、プログラムの問題点を説明してください。
ヒント：chap2_8_1.pyが参考になります。

■chap2_11_2.py

```
1 text = input('年齢は？')
2 age = int(text)
3 if␣age <= 5 and age >= 65:
4     print('幼児と高齢者')
```

解答1

解答例は次のとおりです。

■chap2_11_1.py

```
   変数text 入れろ 入力させる 文字列「年齢は？」
1  text = input('年齢は？')
   変数age 入れろ 整数化 変数text
2  age = int(text)
   もしも 変数age 小さい 数値6 真なら以下を実行せよ
3  if age < 6:
   4字下げ 表示しろ 文字列「幼児」
4      print('幼児')
```

解答2

「ageが5以下」と「ageが65以上」を同時に満たすことがないため、「age <= 5 and age >= 65」が真（True）になることはありえません。

■chap2_11_2.py

```
   変数text 入れろ 入力させる 文字列「年齢は？」
1  text = input('年齢は？')
   変数age 入れろ 整数化 変数text
2  age = int(text)
   もしも 変数age ❶以下 数値5 ❸かつ 変数age ❷以上 数値65 真なら以下を実行せよ
3  if age <= 5 and age >= 65:
   4字下げ 表示しろ 文字列「幼児と高齢者」
4      print('幼児と高齢者')
```

ここはand演算子の代わりにor演算子を使うのが正しいね

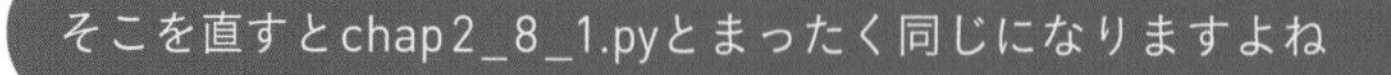

そこを直すとchap2_8_1.pyとまったく同じになりますよね

そのとおり。こういうandとorの間違いや、<と>の間違いなどはよく起きる上にエラーメッセージも出ないので、問題点を探すのが難しい。そういう例として挙げた問題なんだよ

Python
FURIGANA PROGRAMMING

Chapter 3

繰り返し文を学ぼう

NO 01

繰り返し文ってどんなもの？

おやおや、すごく忙しそうだね

忙しいっていうか、繰り返し作業が多いんですよ。こういうのもPythonで何とかできますよね？

詳しく聞かないと何ともいえないけど、できることもあるはずだよ

効率を大幅アップする繰り返し文

繰り返し文とは、名前のとおり**同じ仕事を繰り返すための文**です。条件分岐と同じく小説などには普通出てきません。とはいえ、繰り返し文を使えば効率が大幅に上がる、ということは予想が付くと思います。

繰り返し文をフローチャートで表すと、角を落とした四角形2つを矢印でつないだ形になります。矢印の流れが輪のようになるので、英語で輪を意味にする**「ループ（loop）」**とも呼ばれます。

私たちが普段使っているプログラムのほとんども、「ユーザーの操作を受けとる→結果を出す」を繰り返すループ構造になっています。

知ってます？　最近の小説では同じ時間を繰り返す「ループもの」ってジャンルがあるんですよ

あー、じゃあ小説にも繰り返し文はあるってことになるのかな？

繰り返しとリスト

Chapter 3では繰り返しとあわせて「リスト」という型が登場します。リストは複数のデータを記憶することができ、Pythonの繰り返し文と組み合わせると直感的に連続処理できます。本書でもまずはリストの作り方から解説していきます。

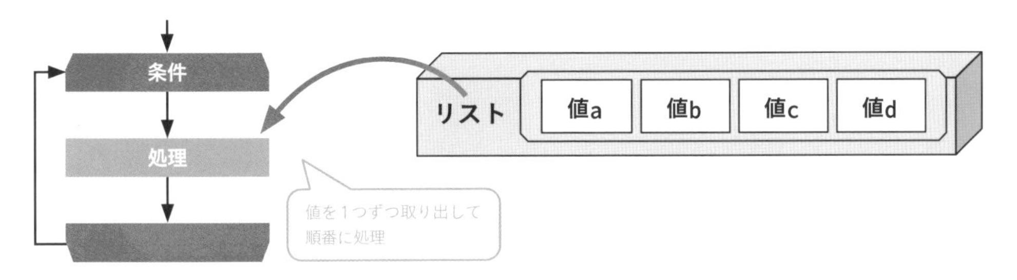

繰り返し文は難しい？

繰り返し文は、まったく同じ仕事を繰り返すだけなら難しくないのですが、それだけでは大した仕事はできません。繰り返しの中で変数の内容を変化させたり、繰り返しを入れ子にしたり、分岐を組み合わせたりしていくと、だんだんややこしくなっていきます。

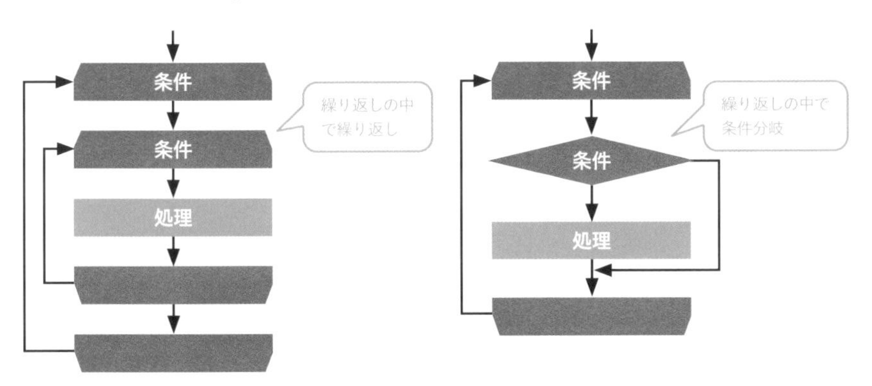

複雑な繰り返し文が難しいのは確かなのですが、よく使われるパターンはそれほど多くありません。変数に実際の値をはめ込む「穴埋め図」などを使って、少しずつ理解を深めていきましょう。

難しいのはイヤですけど、単純な繰り返し作業を自分でやるよりはいいですよ

その気持ちは大事だね。プログラミングでは、単純作業をいかに減らすかって考え方が大切なんだよ

NO 02

リストに複数のデータを記憶する

まずは「リスト」の使い方を説明するよ。リストを使うと、1つの変数に複数の値をまとめて入れられるよ

それって繰り返し文とどういう関係があるんですか？

人間が繰り返しの作業をするときって、たいていその対象になる大量の書類とかがあるよね。それを記憶できるのがリストなんだ

リストの書き方を覚えよう

リストは中に複数の値を入れられる「型」です。リストを作るには全体を角カッコで囲み、値をカンマで区切って並べます。リスト内の個々の値を「要素」と呼びます。要素は、数値でも文字列でも何でもかまいません。

リストを作成すると、1つの変数の中に複数の値が入った状態になります。

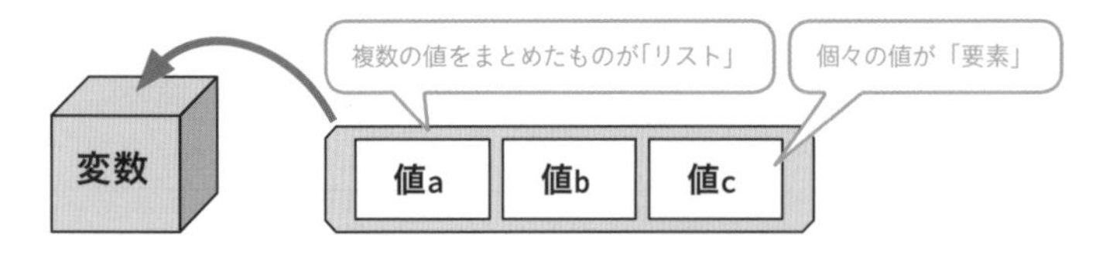

リスト内の要素を利用するときは、変数名のあとに角カッコで囲んで数値を書きます。この数値を「インデックス（添字）」と呼びます。

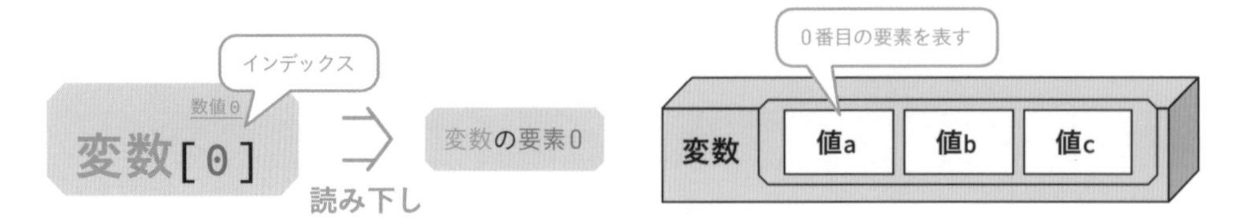

インデックスには整数を使用するので、整数が入った変数、整数の結果を返す式や関数なども使えます。ふりがなではそのまま「数値0」や「変数idx」のように書き、読み下し文では「要素0」や「要素idx」と書いて、リストを利用していることが伝わるようにします。

リストのインデックスは0から数え始める。だから、最初の要素は「0番目の要素」ということになるんだ

リストを作って利用する

リストを作って「月、火、水、木、金」という5つの文字列を記憶し、その中から1つ表示しましょう。

■chap3_2_1.py

変数wdays　入れろ　文字列「月」　文字列「火」　文字列「水」　文字列「木」　文字列「金」

```
1 wdays = ['月', '火', '水', '木', '金']
```

表示しろ　変数wdays　数値1

```
2 print(wdays[1])
```

先ほど説明したように、2行目の数値1は要素1と読み下します。

読み下し文

1 **リスト** [文字列「月」, 文字列「火」, 文字列「水」, 文字列「木」, 文字列「金」] **を**変数wdays**に入れろ**

2 変数wdays**の**要素1**を表示しろ**

プログラムを実行すると、「火」と表示されます。リストのインデックスは0から数え始めるので、要素1は「火」になるのです。

```
IDLE Shell 3.9.5
File Edit Shell Debug Options Window Help
Python 3.9.5 (tags/v3.9.5:0a7dcbd, May  3 2021, 17:27:52) [MSC v.1928 64 bit (AM
D64)] on win32
Type "help", "copyright", "credits" or "license()" for more information.
>>>
=========== RESTART: C:¥Users¥ohtsu¥Documents¥furipyBig¥chap3_2_1.py ===========
火
>>>
```

リストの要素を書き替える

リストに記憶した要素を、個別に書き替えることもできます。角カッコとインデックスで書き替える要素を指定し、代入文の=を使って新しい値を記憶します。要素の扱い方は単独の変数とほぼ同じです。

■chap3_2_2.py

```
1  wdays = ['月', '火', '水', '木', '金']
2  wdays[1] = '炎'
3  print(wdays)
```

（1行目：変数wdays　入れろ　文字列「月」　文字列「火」　文字列「水」　文字列「木」　文字列「金」）
（2行目：変数wdays　数値1　入れろ　文字列「炎」）
（3行目：表示しろ　変数wdays）

ここでは要素1に「炎」という文字列を入れています。3行目のprint関数では、リストを入れた変数をそのまま引数にしている点に注目してください。

読み下し文

1 リスト［文字列「月」, 文字列「火」, 文字列「水」, 文字列「木」, 文字列「金」］を変数wdaysに入れろ
2 変数wdaysの要素1に文字列「炎」を入れろ
3 変数wdaysを表示しろ

プログラムを実行すると、リスト全体が表示されます。今回のようにインデックスを指定せずにリストを入れた変数を指定した場合、リスト全体が表示されるのです。要素1は「火」ではなく「炎」に変わっていますね。

```
IDLE Shell 3.9.5
File Edit Shell Debug Options Window Help
Python 3.9.5 (tags/v3.9.5:0a7dcbd, May  3 2021, 17:27:52) [MSC v.1928 64 bit (AMD64)] on win32
Type "help", "copyright", "credits" or "license()" for more information.
>>>
=========== RESTART: C:¥Users¥ohtsu¥Documents¥furipyBig¥chap3_2_2.py ===========
['月', '炎', '水', '木', '金']
>>>
```

火曜日が炎曜日に！　木曜日を森曜日にしてもいいですね

リストを操作するための便利なメソッドなどをいくつか紹介しておきます。

リスト型のその他の操作

例文	働き
リスト.append(要素)	リストに要素を追加する。
リスト.insert(インデックス, 値)	インデックスの位置に値を挿入する。
リスト.pop(インデックス)	インデックスで指定した要素をリストから取り除き、その値を返す。インデックスを省略した場合は末尾から取り出す。
リスト.remove(値)	値と一致する最初の要素をリストから取り除く。
リスト.sort()	リストを並べ変える。
sorted(リスト)	並べ変えた新たなリストを返す（組み込み関数）。
len(リスト)	リストの長さ（要素数）を返す（組み込み関数）。

へー、取り出したり追加したり、自由に操作できるんですねー

タプル（tuple）と複数同時の代入

リストとよく似た型にタプルがあります。タプルとリストの違いは、タプルは作成したあとで要素を変更できないということです。「これは変更できないデータだよ」と明示したいときに使います。タプルを作成するには角カッコではなくカッコ（丸カッコ）で囲みます。関数や式のカッコと紛らわしいですが、=の直後にカッコが来た場合はタプルの作成だと思ってください。タプル内の要素を参照するときは、リストと同じく角カッコでインデックスを指定します。

```
変数 = (値a, 値b)
```

Pythonでは、１つの代入文で複数の変数に値を入れる複数同時の代入という技がありますが、そこでもタプルが使われています。タプルを作成するカッコは省略できるため、=の右辺にカンマ区切りで複数の値を書くと、いったんタプルが作成されます。それが左辺の変数に代入される際に分解（アンパック）され、対応する変数に値が入れられるのです。

```
変数1, 変数2 = 値a, 値b
```
変数１に値a、変数２に値bが入る

Pythonの学習を進めていくと、関数の戻り値を複数の変数に入れる例がときどき出てきます。その場合も、関数の戻り値はタプルであり、それをアンパックして複数の変数に代入しているのです。

NO 03

リストの内容を繰り返し文を使って表示する

次は繰り返し文のfor（フォー）文を使ってリスト内の文字列を順番に表示してみよう

何で繰り返し文が「for」なんですか？

「for 3 days」（3日間）のように期間を表す意味合いがあるから、そこから来てるんじゃないかな

for文の書き方を覚えよう

for文は「for 変数 in リスト:」で1セットです。リストの要素が順番に変数に入り、**リストの要素の数だけインデントされた文が繰り返されます。**

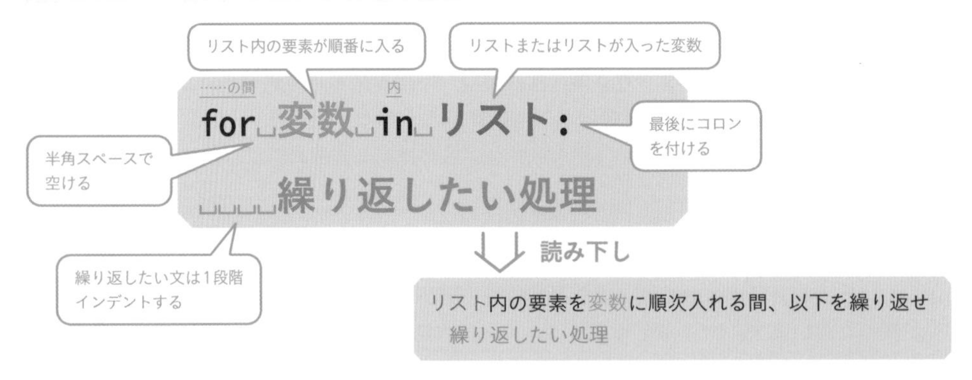

「in リスト」の部分は「リスト内の要素を」と読み下します。forは「……の間」という意味ですが、実際のfor文の働きを参考に「変数に順次入れる間」と補います。「:」は「以下を繰り返せ」と読み下します。まとめると、「リスト内の要素を変数に順次入れる間、以下を繰り返せ」となります。

月曜日～金曜日まで表示する

for文とリストを利用して「月曜日～金曜日」を表示してみましょう。chap3_2_1.pyと同じく「月～金」という文字列をリストに入れておき、「曜日」という文字列を並べて表示します。

■chap3_3_1.py

変数wdays　入れろ　文字列「月」　文字列「火」　文字列「水」　文字列「木」　文字列「金」

```
1 wdays = ['月', '火', '水', '木', '金']
```

……の間　変数day　内　変数wdays　以下を繰り返せ

```
2 for␣day␣in␣wdays:
```

表示しろ　変数day　文字列「曜日」

```
3 ␣␣␣␣print(day, '曜日')
```

4字下げ

読み下し文

1 リスト［文字列「月」, 文字列「火」, 文字列「水」, 文字列「木」, 文字列「金」］を変数wdaysに入れろ

2 変数wdays内の要素を変数dayに順次入れる間、以下を繰り返せ

3 　変数dayと文字列「曜日」を表示しろ

IDLE Shell 3.9.5

File Edit Shell Debug Options Window Help

```
Python 3.9.5 (tags/v3.9.5:0a7dcbd, May  3 2021, 17:27:52) [MSC v.1928 64 bit (AM
D64)] on win32
Type "help", "copyright", "credits" or "license()" for more information.
>>>
=========== RESTART: C:¥Users¥ohtsu¥Documents¥furipyBig¥chap3_3_1.py ===========
月 曜日
火 曜日
水 曜日
木 曜日
金 曜日
>>> 
```

なんとなく理解できます。意外と簡単ですね！

文字列から1文字ずつ取り出す

リスト、タプル、文字列などをまとめてシーケンス型と呼び、同じようにfor文で処理できます。そのため、上のプログラムはリストを使わずに書くこともできます。

```
wdays = '月火水木金'
for day in wdays:
    print(day, '曜日')
```

for day in wdays: ― wdaysの文字列から1文字ずつ取り出す

Chap.3 繰り返し文を学ぼう

NO 04

リストの一部だけを取り出す

スライスを利用するとリストの一部だけを取り出せるんだよ

へー、取り出してどうするんですか？

使い道はいろいろあるよ。まずは書き方を覚えよう

スライスの書き方を覚えよう

Chapter3-2では、インデックスを指定して1つの要素を取り出す方法を説明しました。「リスト[開始インデックス:終了インデックス]」と書くと、**開始インデックスから終了インデックスの直前まで**の要素をリストとして取り出すことができます。この書き方を「スライス」と呼びます。

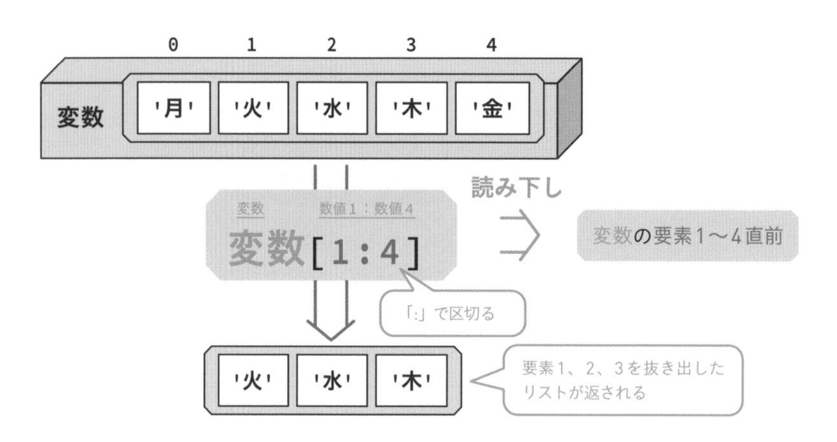

終了インデックスに**4と指定した場合、その直前の要素3までが取り出される**点に気を付けてください。また、新しいリストを返すので、取り出す前のリストから要素がなくなることはありません。

for文とスライスを組み合わせる

リストのスライスはfor文と組み合わせて使うこともできます。chap3_3_1.pyを少し書き替えて、一部だけ取り出してみましょう。

■chap3_4_1.py

```
変数wdays 入れろ 文字列「月」 文字列「火」 文字列「水」 文字列「木」 文字列「金」
1 wdays = ['月', '火', '水', '木', '金']
……の間 変数day 内 変数wdays 数値1:数値4 以下を繰り返せ
2 for␣day␣in␣wdays[1:4]:
表示しろ 変数day 文字列「曜日」
3 ␣␣␣␣print(day, '曜日')
```

4字下げ

読み下し文

1 リスト[文字列「月」, 文字列「火」, 文字列「水」, 文字列「木」, 文字列「金」]を変数wdaysに入れろ

2 変数wdays内の要素1～要素4直前を変数dayに順次入れる間、以下を繰り返せ

3 　変数dayと文字列「曜日」を表示しろ

```
IDLE Shell 3.9.5
File Edit Shell Debug Options Window Help
Python 3.9.5 (tags/v3.9.5:0a7dcbd, May  3 2021, 17:27:52) [MSC v.1928 64 bit (AM
D64)] on win32
Type "help", "copyright", "credits" or "license()" for more information.
>>>
=========== RESTART: C:¥Users¥ohtsu¥Documents¥furipyBig¥chap3_4_1.py ===========
火 曜日
水 曜日
木 曜日
>>> 
```

なるほど、火曜日から木曜日までが抜き出されましたね

そう、こんな簡単な書き方で、リストの一部だけを対象にすることができるんだ。意外とよく使うから覚えておいてね

スライスの小技

スライスは開始インデックスと終了インデックスのどちらかを省略することもできます。開始インデックスを省略した場合は先頭から、終了インデックスを省略したときは末尾までが取り出されます。

wdays[2:] ―― 要素2から末尾まで

wdays[:4] ―― 先頭から要素3（インデックス4直前）まで

NO 05

仕事を10回繰り返す

次はfor文にrange（レンジ）関数を組み合わせて、指定した数だけ繰り返してみよう

どういうときに使うんですか？

同じ文字列を10回表示したい場合とか、対象にするリストなどがなくて、繰り返す回数だけが決まっているときなどだね

range関数を組み合わせる

回数が決まった繰り返しをしたい場合は、リストの代わりにrange関数を書きます。range関数に1つの引数を渡すと0〜終了値-1までの整数の並びを作り出します。「range(5)」であれば「0、1、2、3、4」となります。range関数の戻り値は正確にはリストではないのですが、「in [0, 1, 2, 3, 4]」と書いた場合と同じ結果になります。

読み下し

0〜終了値直前の範囲内の整数を変数に順次入れる間、以下を繰り返せ
　繰り返したい処理

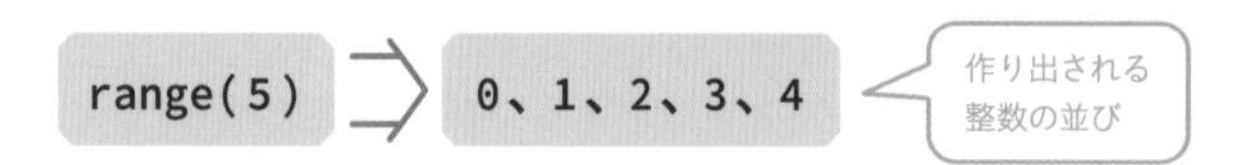

「for 変数 in 〜:」の部分の読み方は先に説明したとおりです。「in range(終了値)」の部分は、「0〜終了値直前の範囲内の整数」と読み下すことにします。

同じメッセージを10回表示する

「ハロー！」を10回表示する繰り返し文を書いてみましょう。10回繰り返したい場合はrange関数の引数に10を指定します。ここでは変数の名前を、counterを略したcntとしています。

■chap3_5_1.py

……の間　変数cnt　内　範囲　数値10　以下を繰り返せ

```
1 for cnt in range(10):
```

表示しろ　文字列「ハロー！」

```
2     print('ハロー！')
```

4字下げ

range関数に1つの引数を指定すると、0～「引数の値-1」の連続した整数が作られ、それが順番に変数に入ります。

読み下し文

1 **0～数値10直前の範囲内の整数を変数cntに順次入れる間、以下を繰り返せ**

2 　**文字列「ハロー！」を表示しろ**

このプログラムを実行すると、「ハロー！」が10回表示されます。

```
=========== RESTART: C:¥Users¥ohtsu¥Documents¥furipyBig¥chap3_5_1.py ===========
ハロー！
ハロー！
ハロー！
ハロー！
ハロー！
ハロー！
ハロー！
ハロー！
ハロー！
ハロー！
>>> 
```

range関数に10を指定した場合は「0～9」の10個の整数が返されるので、結果として10回の繰り返しになります。単純に「10を指定したから10回繰り返す」と覚えるのではなく、10個の数値があるから10回繰り返すのだと理解しておきましょう。

for文の変数名を「_」にする

for文のブロック内で変数を使わない場合、慣習的に「for _ in」と書くことがあります。例えばchap3_5_1.pyの変数cntはブロック内で使用しないため、変数名を決める意味がないので「_」にしてもOKです。
「_（アンダースコア）」は変数名に使える記号なので、これもただの変数です。名前を「_」にすることで変数名を決める手間を省き、ブロック内で変数を使わないことを明示しています。

メッセージの中に回数を入れる

ブロックの中で変数を使ってみましょう。print関数の引数にし、「回目のハロー！」という文字列と並べて表示します。

■chap3_5_2.py

……の間 変数cnt 内 範囲 数値10 以下を繰り返せ

```
1 for cnt in range(10):
```

表示しろ 変数cnt 文字列「回目のハロー！」

4字下げ

```
2     print(cnt, '回目のハロー！')
```

読み下し文

1 0～数値10直前の範囲内の整数を変数cntに順次入れる間、以下を繰り返せ

2 変数cntと文字列「回目のハロー！」を表示しろ

今度は繰り返し文の中で、変数cntと「回目のハロー！」を並べて表示したので、「○回目」の部分が変化します。

IDLE Shell 3.9.5

File Edit Shell Debug Options Window Help

```
Python 3.9.5 (tags/v3.9.5:0a7dcbd, May  3 2021, 17:27:52) [MSC v.1928 64 bit (AM
D64)] on win32
Type "help", "copyright", "credits" or "license()" for more information.
>>>
=========== RESTART: C:¥Users¥ohtsu¥Documents¥furipyBig¥chap3_5_2.py ===========
0 回目のハロー！
1 回目のハロー！
2 回目のハロー！
3 回目のハロー！
4 回目のハロー！
5 回目のハロー！
6 回目のハロー！
7 回目のハロー！
8 回目のハロー！
9 回目のハロー！
>>>
```

「範囲」とか「整数」とかあるせいか、読み下し文の意味がちょっとわかりにくく感じます。結果は見ればわかるんですが……

人間が読む文章には「繰り返し文」ってないからイメージしにくいかもね。人間が文章として読むものじゃなくて、「ロボットへの指示書」だとイメージしてみたらどうかな？

「繰り返したい処理」をロボットへの指示書だとイメージする

プログラムはコンピュータが読むためのものなので、人間のための文章として読んでしまうとかえってわかりにくく感じます。「繰り返したい処理」を工場で働くロボットへの指示だととらえ直してみましょう。

for文のたとえとして、ロボットの前にベルトコンベアがある状態をイメージしてください。ベルトコンベアの上を0～9の数値が流れてきます。ロボットは数値を1つ拾って指示書の変数cntの部分にはめ込み、それにしたがって仕事をします。それを最後の数値になるまで繰り返すと、「0回目のハロー！」から「9回目のハロー！」が順番に表示されるのです。

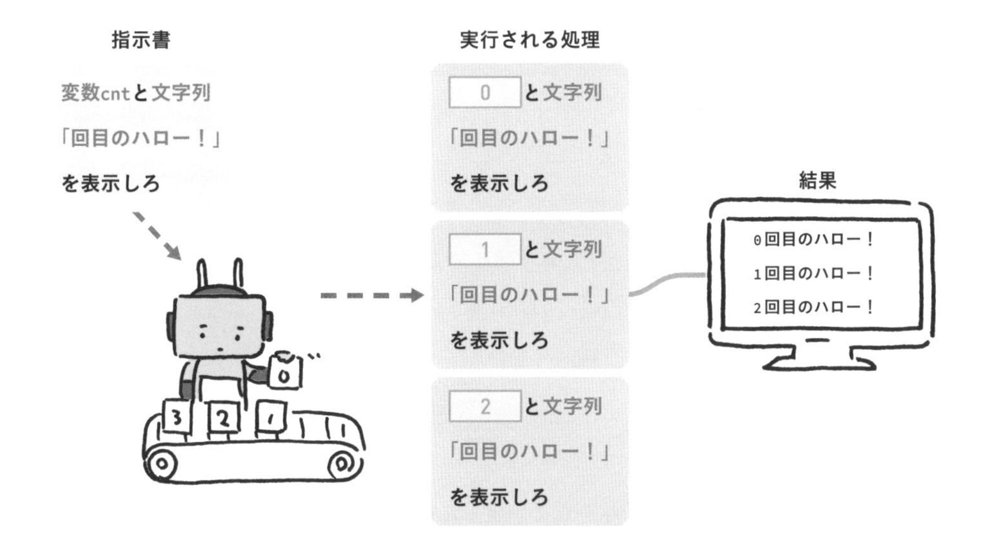

あ……、なんとなくわかってきました。商品を箱詰めするロボットとか、自動的に溶接するロボットとかが仕事している様子をイメージすればいいんですね

そうそう。イメージしやすいようロボットにたとえたけど、人間だってマニュアルにしたがって仕事するときは同じだよね

NO 06

開始値を指定して繰り返す

0から始まるのってちょっと変ですよね

プログラムの世界では0から数え始めるのが普通なんだよ。でも1から数えさせることもできるよ

range関数に2つの引数を指定する

range関数に2つの引数を指定した場合、1つ目が開始値、2つ目が終了値になります。これで好きな数値から数え始める整数を作成できます。ただし、終了値直前までというルールは同じなので、「1、2、3、4、5」という整数を作りたい場合は「range(1, 6)」と書く必要があります。

範囲
range(開始値, 終了値)

読み下し

開始値〜終了値直前の範囲内の整数

引数が1つのときは「0〜終了値直前」と読み下していましたが、開始値も指定した場合は「開始値〜終了値直前」と読み下します。

1〜10の整数で繰り返す

「1回目のハロー！」〜「10回目のハロー！」と表示するように指定してみましょう。「10」で終わらせたい場合、終了値には1つ多い「11」を指定する必要があります。

■chap3_6_1.py

```
1  for␣cnt␣in␣range(1, 11):
2  ␣␣␣␣print(cnt, '回目のハロー！')
```

（注記）……の間　変数cnt　内　範囲　数値1　数値11　以下を繰り返せ
表示しろ　変数cnt　文字列「回目のハロー！」　4字下げ

読み下し文

1 数値1〜数値11直前の範囲内の整数を変数cntに順次入れる間、以下を繰り返せ
2 　変数cntと文字列「回目のハロー！」を表示しろ

プログラムを実行してみましょう。

```
=========== RESTART: C:¥Users¥ohtsu¥Documents¥furipyBig¥chap3_6_1.py ===========
1 回目のハロー！
2 回目のハロー！
3 回目のハロー！
4 回目のハロー！
5 回目のハロー！
6 回目のハロー！
7 回目のハロー！
8 回目のハロー！
9 回目のハロー！
10 回目のハロー！
>>>
```

「10回目のハロー」って、何か映画のタイトルっぽくないですか？

range関数を使いこなそう

range関数には、第3のステップという引数があります。これは整数を増やす量の指定で、2を指定すれば「0、2、4、6」のように2ずつ増えます。また-1などの負の数を指定すれば「10、9、8、7」のように減らしていくこともできます。

読み下し

範囲
range(開始値, 終了値, ステップ) → 開始値〜終了値直前の範囲内でステップおきの整数

range(1, 10, 2) → 1、3、5、7、9

range(10, 0, -1) → 10、9、8、7、6、5、4、3、2、1

1ずつ減る整数は何かの「カウントダウン」に使えそうですね

減っていく整数では、終了値に注意しよう。上の例では終了値を0にしているけど、作られる最後の整数は1になる。要は減っていく場合でも、終了値の前で終わるってことだね

NO 07

繰り返し文を2つ組み合わせて九九の表を作る

for文のブロック内にfor文を書いて入れ子にすることもできるよ。「多重ループ」っていうんだ

繰り返しを繰り返すんですか？　言葉を聞くだけで難しそう。人間に理解できるものなんでしょうか？

でもね、ぼくらの生活も、1時間を24回繰り返すと1日で、それを7回繰り返すと1週間……1カ月を12回繰り返すと1年なわけだ。多重ループって意外と身近なんだよ

九九の計算をしてみよう

for文のブロック内にfor文を書くと多重ループになります。多重ループの練習でよく使われる例として、九九の計算をしてみましょう。九九は1～9と1～9を掛け合わせる計算です。ですから、range(1, 10)で範囲指定したfor文を2つ組み合わせます。

■chap3_7_1.py

```
1  for cnt1 in range(1, 10):
2      for cnt2 in range(1, 10):
3          print(cnt1 * cnt2)
```

（1行目の注釈：……の間　変数cnt1　内　範囲　数値1　数値10　以下を繰り返せ）
（2行目の注釈：4字下げ　……の間　変数cnt2　内　範囲　数値1　数値10　以下を繰り返せ）
（3行目の注釈：4字下げ　4字下げ　表示しろ　変数cnt1　掛ける　変数cnt2）

1つ目のfor文のブロック内に2つ目のfor文を書くので、1段階インデントします。2つ目のfor文のブロックは2段階インデントすることになります（8字下げ）。

読み下し文

1 数値1～数値10直前の範囲内の整数を変数cnt1に順次入れる間、以下を繰り返せ
2 　数値1～数値10直前の範囲内の整数を変数cnt2に順次入れる間、以下を繰り返せ
3 　　変数cnt1掛ける変数cnt2を表示しろ

実行すると次のように「1×1」～「9×9」の結果が表示されます。

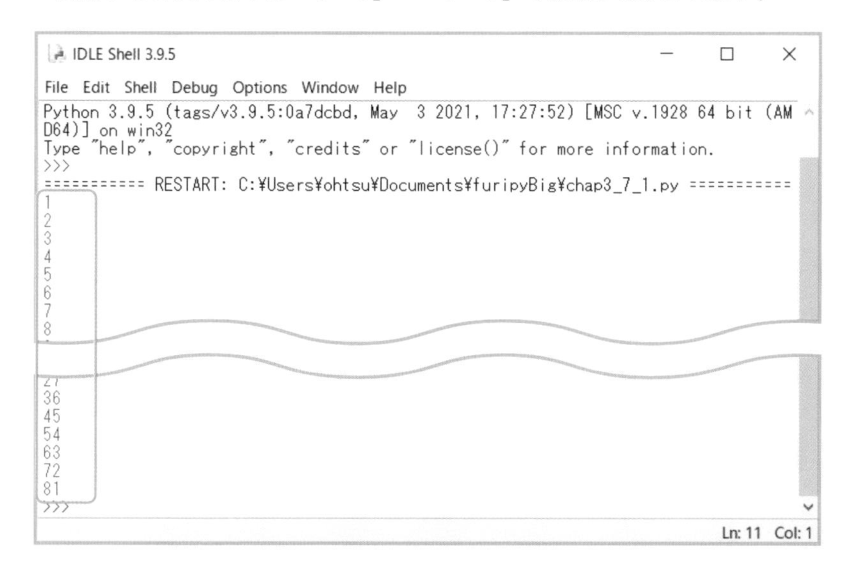

読み下し文の最初の2行はわかります。でも3行目の掛け算をしているところがうまくイメージできないです

それじゃあ、また実際の値を当てはめた図で説明しよう

for文を2つ入れ子にしているので、外側のfor文が1回繰り返すたびに、内側のfor文は9回繰り返します。変数の部分に実際の数値を当てはめると次の図のようになります。

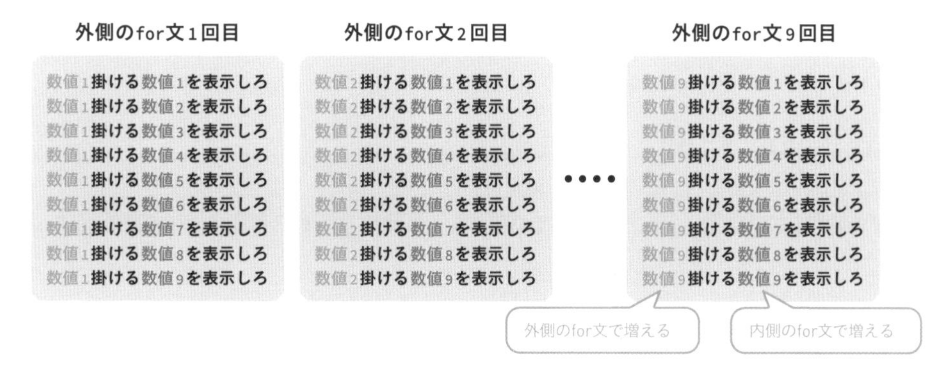

ベルトコンベアにたとえた図も見てみましょう。ベルトコンベア1のロボットが1つ数値を拾うと、ベルトコンベア2が動き始めます。流れてくる数値をベルトコンベア2のロボットが拾って、指示書にしたがって仕事をしていきます。ベルトコンベア2の仕事が終わると、またベルトコンベア1が動き出してロボットが数値を1つ拾います。

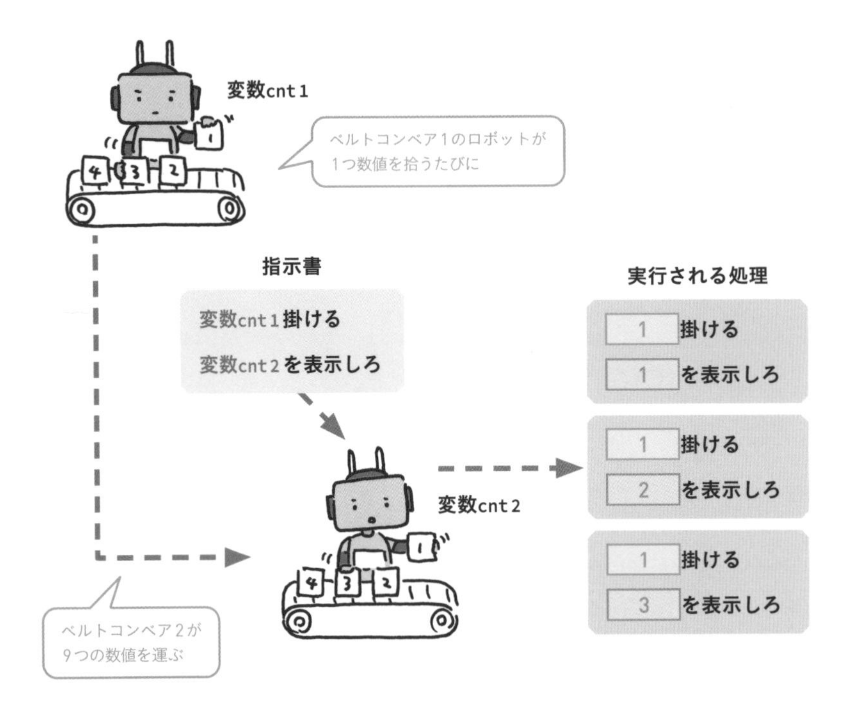

九九らしく表示する

より九九らしくするために、「1×1＝1」という式の部分も表示するようにしてみましょう。2つのfor文の部分は先ほどのサンプルと同じです。print関数の部分で、変数と文字列を並べて式を表示します。

■chap3_7_2.py

```
for cnt1 in range(1, 10):
    for cnt2 in range(1, 10):
        print(cnt1, '×', cnt2, '＝', cnt1 * cnt2)
```

（注記）1行目：……の間 変数cnt1 内 範囲 数値1 数値10 以下を繰り返せ／2行目：4字下げ ……の間 変数cnt2 内 範囲 数値1 数値10 以下を繰り返せ／3行目：4字下げ 4字下げ 表示しろ 変数cnt1 文字列「×」 変数cnt2 文字列「＝」 変数cnt1 掛ける 変数cnt2

読み下し文

1 数値1～数値10直前の範囲内の整数を変数cnt 1に順次入れる間、以下を繰り返せ
2 　数値1～数値10直前の範囲内の整数を変数cnt 2に順次入れる間、以下を繰り返せ
3 　　変数cnt 1と文字列「×」と変数cnt 2と文字列「＝」と変数cnt 1掛ける変数cnt 2を表示しろ

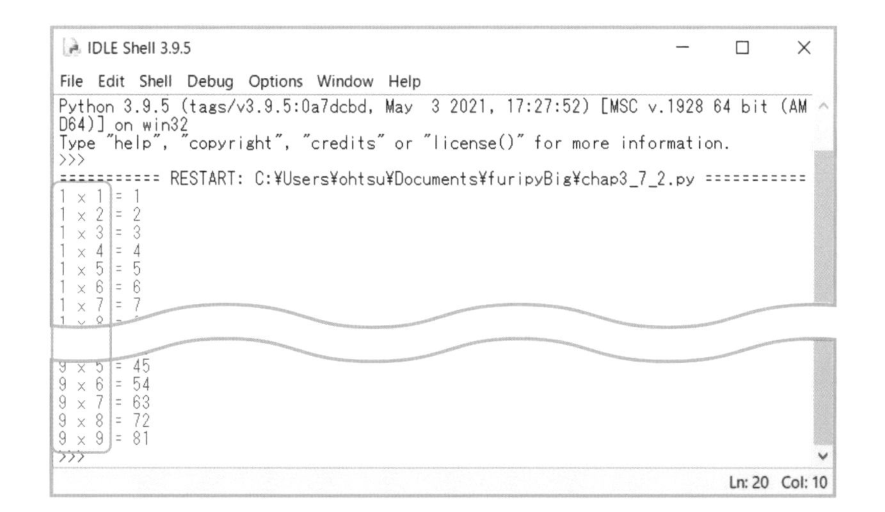

ちなみに、複数の変数と文字列を組み合わせるときは、フォーマット済み文字列を使ったほうが便利だよ。次のChapter 4で紹介しよう

リスト内包表記でリストを作る

九九のような数値の列を作るときは、リスト内包表記（ないほうひょうき）というものを使うと便利です。内包表記とはリストを作る角カッコの中に、forを書いてしまうものです。このforは独立した文ではなく、リストを作る式の一部なのでfor句と呼びます。
以下の例は1〜9を二乗した値のリストを作ります。

```
numlist = [cnt ** 2 for cnt in range(1, 10)]
print(numlist)
```

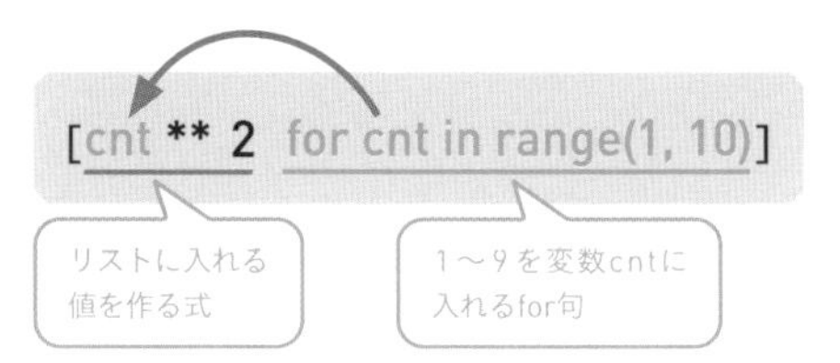

内包表記はパッと見たときに働きがわかりにくいため、慣れないうちは通常のfor文を使ってかまいません。数列（数値の列）を作るときなどによく使われるため、そういうものがあるということは覚えておいてください。

NO 08 条件式を使って繰り返す

繰り返し文には、for文の他にwhile（ホワイル）文があるんだ

繰り返し文は2つも要らないと思うんですけど、何が違うんですか？

while文は回数が決まっていなくて、条件がある繰り返しに向いているんだよ

while文の書き方を覚えよう

while文は、条件を満たす間繰り返しをする文です。whileのあとには、TrueかFalseを返す式や関数などを書きます。そのため、同じ繰り返し文のfor文よりもif文に書き方が似ています。for文が回数が決まった繰り返しに向くのに対し、while文は回数は決まっていない繰り返しに向いています。例えば人間が「終了」ボタンを押すまで仕事を繰り返すプログラムは、while文向きです。

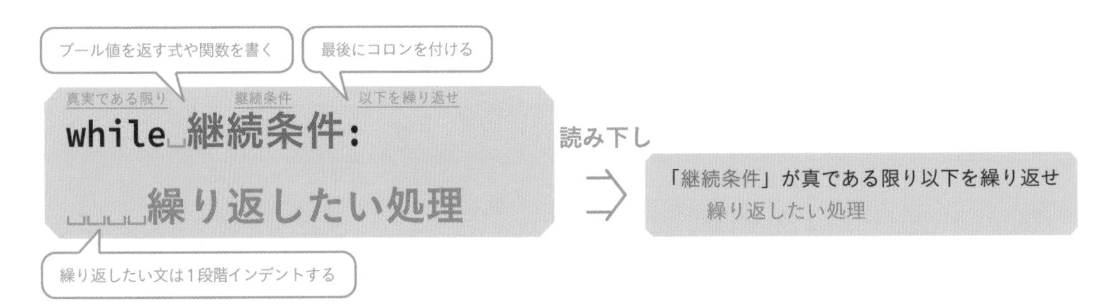

英語のwhileには「～する限り」という意味があります。そこで「継続条件が真である限り」と読み下すことにしました。

for文よりもシンプルですが、具体的に利用するシチュエーションはイメージしにくいかもしれません。さっそく具体的な例を見ていきましょう。

財布が空になるまで繰り返す

次のプログラムは、「50000円入った財布から5080円ずつ引いていった経過」を表示するプログラムです。財布が空になったら終了するので、「変数walletが0以上」をwhile文の継続条件にしました。

■chap3_8_1.py

```
wallet = 50000
while wallet >= 0:
    print(wallet)
    wallet = wallet - 5080
```

1行目：変数wallet 入れろ 数値50000
2行目：真である限り 変数wallet 以上 数値0 以下を繰り返せ
3行目：（4字下げ）表示しろ 変数wallet
4行目：（4字下げ）変数wallet 入れろ 変数wallet 引く 数値5080

読み下し文

1 数値50000を変数walletに入れろ
2 「変数walletは数値0以上」が真である限り以下を繰り返せ
3 　変数walletを表示しろ
4 　変数walletから数値5080を引いた結果を変数walletに入れろ

プログラムを実行すると、10回目で財布が空になって繰り返しが終了します。

```
=========== RESTART: C:¥Users¥ohtsu¥Documents¥furipyBig¥chap3_8_1.py ===========
50000
44920
39840
34760
29680
24600
19520
14440
9360
4280
>>> |
```

変数から少しずつ引く式を理解する

「wallet = wallet - 5080」って何か変じゃないですか？

そう感じる人はけっこういるんだよね。たぶん数学で「=」を「等しい」と習ったせいだと思うけど

プログラムだと意味が違うんですね

数学の方程式では「wallet = wallet - 5080」は成立しません。しかし、プログラムの「=」は代入文の記号で、「変数に入れろ」という命令です。代入文では、❶「=」の右にあるものを処理、❷「=」の

左にあるものを処理、❸右のものを左のものに入れる、という順番で仕事をします。

つまり、「wallet = wallet - 5080」は、変数walletのその時点の値から5080を引いた結果を、変数walletに入れろという意味になります。繰り返し文の中で書くと、繰り返しのたびに変数walletは5080ずつ減っていきます。

■chap3_8_1.py（抜粋）

変数wallet ❷入れろ 変数wallet ❶引く 数値5080

```
4 	wallet = wallet - 5080
```

4字下げ

繰り返し文を展開してみる

もう1つ疑問があるんです。while文のブロックの中でwalletを表示してから引き算してるじゃないですか。逆じゃないんですか？

その理由を知るために、繰り返し文を展開して処理の流れを見てみよう

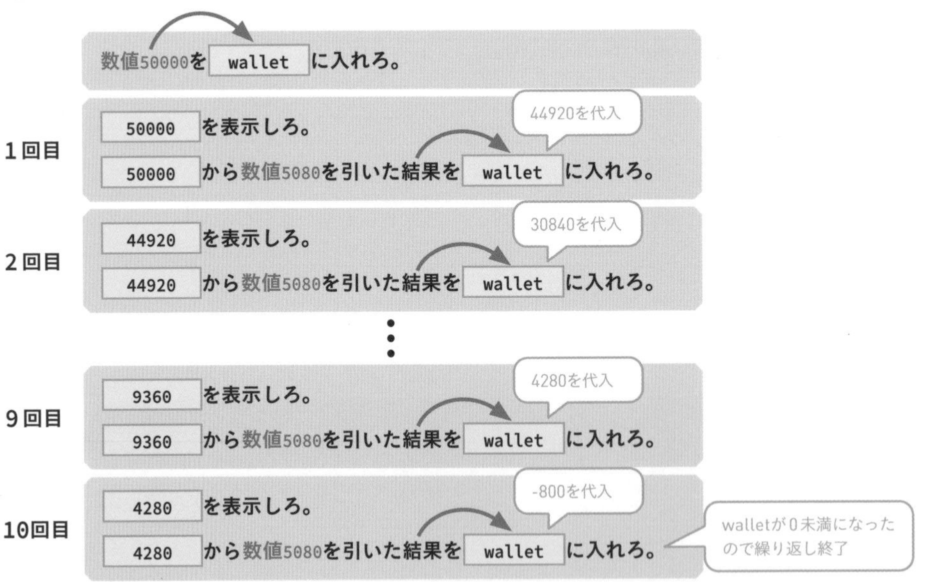

わかったかな？　最初の状態の50000を表示し、条件外の-800を表示しないためには、先にwalletを表示しないといけないんだ

累算（るいさん）代入文を使って短く書く

「wallet = wallet - 5080」という式では、walletという変数名を2回書かなければいけません。累算代入文の-=を使えば、「wallet -= 5080」と短く書くことができます。

演算子	読み方	例	同じ意味の式
+=	右辺を左辺に足して入れる	a += 10	a = a + 10
-=	右辺を左辺から引いて入れる	a -= 10	a = a - 10
*=	右辺を左辺に掛けて入れる	a *= 10	a = a * 10
/=	右辺を左辺から割って入れる	a /= 10	a = a / 10

繰り返しからの脱出とスキップ

break（ブレーク）文とcontinue（コンティニュー）文は、繰り返し文の流れを変えるためのものです。以下の例文はwhile文を例にしていますが、for文の中でも使えます。

break文は繰り返しを中断したいときに使います。例えば、通常なら10回繰り返すが、何か非常事態が起きたら繰り返しを終了するといった場合です。

continue文は繰り返しは中断しませんが、ブロック内のそれ以降の文をスキップして、繰り返しを継続します。つまり、繰り返しの処理を1回スキップすることになります。例えば、繰り返しで処理するリストの中に、処理すべきデータと処理すべきでないデータが混ざっているとします。処理すべきないデータが来たときにcontinue文でスキップする、といった使い方をします。

どちらの文も、繰り返し文のブロックがある程度長くならないと使いませんが、いつか使う日のために頭のすみに置いておいてください。

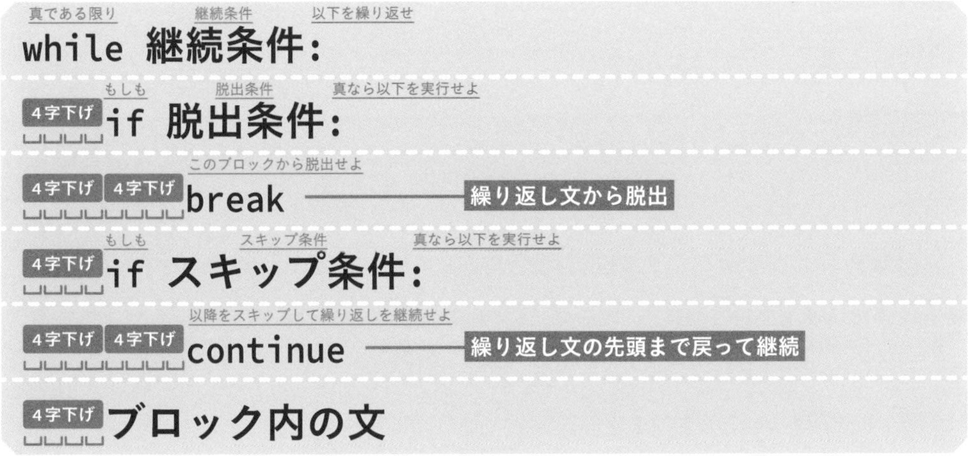

```
while 継続条件:
    if 脱出条件:
        break
    if スキップ条件:
        continue
    ブロック内の文
```

真である限り　継続条件　以下を繰り返せ

もしも　脱出条件　真なら以下を実行せよ

このブロックから脱出せよ　break — 繰り返し文から脱出

もしも　スキップ条件　真なら以下を実行せよ

以降をスキップして繰り返しを継続せよ　continue — 繰り返し文の先頭まで戻って継続

4字下げ

NO 09

総当たり戦の表を作ろう

繰り返し文の総まとめとして、総当たり戦の表を作ってみよう

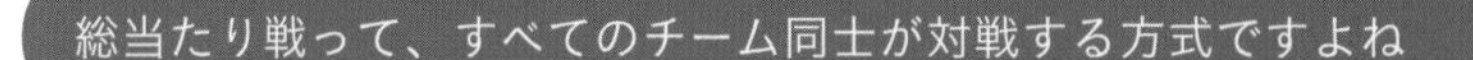

そうそれ。手で書くのも面倒だからプログラムにやってもらおうというわけだ

単純にすべての組み合わせを並べる

総当たり戦とは、「Aチーム対Bチーム」「Aチーム対Cチーム」という組み合わせを作っていくことです。単純に考えれば、九九の計算と同じような多重ループで作れるはずです。今回はA～Eの5つのチームがあるとして、それらの名前をリストにして変数teamsに入れておきます。そして二重のfor文で、リストから名前を順番に取り出し、2つのチーム名を組み合わせて表示していきます。

■chap3_9_1.py

```
teams = ['A', 'B', 'C', 'D', 'E']
for t1 in teams:
    for t2 in teams:
        print(t1, 'vs', t2)
```

1行目：変数teams　入れろ　文字列「A」　文字列「B」　文字列「C」　文字列「D」　文字列「E」
2行目：……の間　変数t1　内　変数teams　以下を繰り返せ
3行目：4字下げ　……の間　変数t2　内　変数teams　以下を繰り返せ
4行目：4字下げ　4字下げ　表示しろ　変数t1　文字列「vs」　変数t2

読み下し文

1. リスト［文字列「A」, 文字列「B」, 文字列「C」, 文字列「D」, 文字列「E」］を変数teamsに入れろ
2. 変数teams内の要素を変数t1に順次入れる間、以下を繰り返せ
3. 　変数teams内の要素を変数t2に順次入れる間、以下を繰り返せ
4. 　　変数t1と文字列「vs」と変数t2を表示しろ

プログラムを実行してみましょう。

```
=========== RESTART: C:¥Users¥ohtsu¥Documents¥furipyBig¥chap3_9_1.py ===========
A vs A
A vs B
A vs C
A vs D
A vs E
B vs A
B vs B
B vs C
B vs D
B vs E
C vs A
C vs B
C vs C
C vs D
C vs E
D vs A
D vs B
D vs C
D vs D
D vs E
E vs A
E vs B
E vs C
E vs D
E vs E
>>>
```

同じチーム同士の試合ができちゃってますよ。「A vs A」とか「B vs B」とか

単純に同じものを組み合わせてるからそうなるよね。どうしたらいいと思う？

if文で同じチーム同士なら表示しないことにしたらどうでしょう？

同じチーム同士の対戦を除く

内側のfor文のブロック内にif文を書き、チーム名が等しくないときだけ表示するようにします。等しくないことを判定するときは、!=演算子を使います。半角のビックリマークとイコールです。インデントがどんどん深くなるのでミスに注意しましょう。

■chap3_9_2.py

```
1 teams = ['A', 'B', 'C', 'D', 'E']
2 for t1 in teams:
3     for t2 in teams:
4         if t1 != t2:
5             print(t1, 'vs', t2)
```

1: 変数teams 入れろ 文字列「A」 文字列「B」 文字列「C」 文字列「D」 文字列「E」
2: ……の間 変数t1 内 変数teams 以下を繰り返せ
3: 4字下げ ……の間 変数t2 内 変数teams 以下を繰り返せ
4: 4字下げ 4字下げ もしも 変数t1 等しくない 変数t2 真なら以下を実行せよ
5: 4字下げ 4字下げ 4字下げ 表示しろ 変数t1 文字列「vs」 変数t2

読み下し文

1 リスト［文字列「A」, 文字列「B」, 文字列「C」, 文字列「D」, 文字列「E」］を変数teamsに入れろ

2 変数teams内の要素を変数t1に順次入れる間、以下を繰り返せ

3 　変数teams内の要素を変数t2に順次入れる間、以下を繰り返せ

4 　　もしも「変数t1と変数t2が等しくない」が真なら以下を実行せよ

5 　　　変数t1と文字列「vs」と変数t2を表示しろ

　プログラムを実行すると、チーム名が等しくないときだけ表示するので、同チームの対戦がなくなります。

できましたね！

ところで、「A vs B」と「B vs A」は同じ組み合わせだよね。これも省くことはできないかな？

じゃあ、if文を追加して……。あれ？　どうしたらいいんでしょう？

その場合は考え方を基本から変えないとダメなんだ

同じ対戦組み合わせを省くには？

どうプログラムを書いたらいいかわからないときは、いったんプログラムのことは忘れて、自分がやりたいことを整理してみましょう。まず、総当たり戦の表を書いてみます。そこから同チーム同士の対戦と同じ対戦組み合わせを省くと、表の右上半分だけが残ります。これが同じ対戦を省いた総当たり戦です。

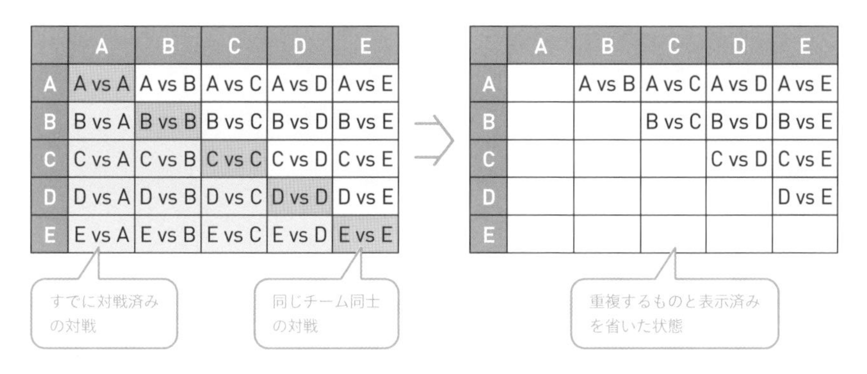

	A	B	C	D	E
A	A vs A	A vs B	A vs C	A vs D	A vs E
B	B vs A	B vs B	B vs C	B vs D	B vs E
C	C vs A	C vs B	C vs C	C vs D	C vs E
D	D vs A	D vs B	D vs C	D vs D	D vs E
E	E vs A	E vs B	E vs C	E vs D	E vs E

	A	B	C	D	E
A		A vs B	A vs C	A vs D	A vs E
B			B vs C	B vs D	B vs E
C				C vs D	C vs E
D					D vs E
E					

この残った部分だけを表示するプログラムを作ればいいわけです。

■chap3_9_3.py

```
teams = ['A', 'B', 'C', 'D', 'E']
opps = ['A', 'B', 'C', 'D', 'E']
for t1 in teams:
    opps.remove(t1)
    for t2 in opps:
        print(t1, 'vs', t2)
```

今回は対戦相手を表すリストも用意し、変数oppsに入れました。そして、外側のfor文で繰り返すたびに、リストの要素を取り除くremoveメソッド（99ページ参照）を呼び出します。そうするとリストは「'B', 'C', 'D', 'E'」→「'C', 'D', 'E'」→「'D', 'E'」→「'E'」と減っていきます。

読み下し文と実行した結果は次のとおりです。

読み下し文

1 リスト[文字列「A」, 文字列「B」, 文字列「C」, 文字列「D」, 文字列「E」]を変数teamsに入れろ
2 リスト[文字列「A」, 文字列「B」, 文字列「C」, 文字列「D」, 文字列「E」]を変数oppsに入れろ
3 変数teams内の要素を変数t1に順次入れる間、以下を繰り返せ
4 　変数oppsから変数t1と一致する最初の要素を取り除け
5 　変数opps内の要素を変数t2に順次入れる間、以下を繰り返せ
6 　　変数t1と文字列「vs」と変数t2を表示しろ

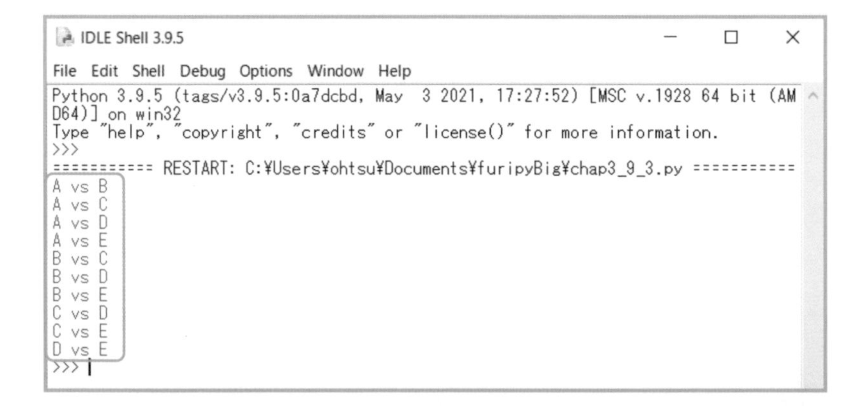

意外と短いプログラムでできましたね。でも、読み下し文を読んでもいまいち意味が理解できないんですが……

このプログラムは繰り返しが進むにしたがって、リストの状態が変化していくから、単に手順を並べた文章と考えると理解しにくいんだ。リストの変化に注目して繰り返しの流れを追ってごらん

外側の繰り返しでは単にA～Eを繰り返しているだけですよね。内側の繰り返しでは変数oppsのリストから要素を取り除いてから繰り返してますね

そう。だから変数oppsのリストは「B、C、D、E」→「C、D、E」→「D、E」→「E」と減っていくわけだ

あ、わかった。「A vs『B、C、D、E』」「B vs『C、D、E』」「C vs『D、E』」「D vs『E』」と変化していくんですね

NO 10

エラーメッセージを読み解こう③

無限ループを止める

繰り返し文の条件を間違えると、いつまで経っても終わらなくなる場合があるんだよ。そういう無限に続く繰り返し文を「無限ループ」という

無限ループ！　日常会話でもたまに聞く言葉ですね

例えば次のプログラムは「変数numが0以上である限り」繰り返します。ところがブロック内で変数numに1ずつ足しているので、変数numが0より小さくなることはありません。いつまで経っても継続条件の「num>=0」はTrueのままです。

■chap3_10_1.py

```
1  num = 0
2  while num >= 0:
3      num = num + 1
```

（注釈：1行目 変数num 入れろ 数値0／2行目 真である限り 変数num 以上 数値0 以下を繰り返せ／3行目 4字下げ 変数num 入れろ 変数num 足す 数値1）

読み下し文

1 数値0を変数numに入れろ
2 「変数numは数値0以上」が真である限り以下を繰り返せ
3 　変数numに数値1を足した結果を変数numに入れろ

このプログラムを実行すると、いつまで経っても終わらないため、シェルウィンドウがコマンドを受け付けなくなります。Ctrl＋Cキーを押して中断しましょう。

```
File  Edit  Shell  Debug  Options  Window  Help
Python 3.9.5 (tags/v3.9.5:0a7dcbd, May  3 2021, 17:27:52) [MSC v.1928 64 bit (AM
D64)] on win32
Type "help", "copyright", "credits" or "license()" for more information.
>>>
=========== RESTART: C:¥Users¥ohtsu¥Documents¥furipyBig¥chap3_10_1.py ==========
|
```

実行するといつまで待っても終わりません。

❶Ctrl＋Cキーを押す

Chap. 3 繰り返し文を学ぼう

```
IDLE Shell 3.9.5
File  Edit  Shell  Debug  Options  Window  Help
Python 3.9.5 (tags/v3.9.5:0a7dcbd, May  3 2021, 17:27:52) [MSC v.1928 64 bit (A
D64)] on win32
Type "help", "copyright", "credits" or "license()" for more information.
>>>
=========== RESTART: C:¥Users¥ohtsu¥Documents¥furipyBig¥chap3_10_1.py ==========
Traceback (most recent call last):
  File "C:¥Users¥ohtsu¥Documents¥furipyBig¥chap3_10_1.py", line 3, in <module>
    num = num + 1
KeyboardInterrupt
>>>
```

トレースバックが表示されてプログラムが終了する。

表示されるメッセージを一応読み解いておきましょう。これは「キーボード割り込み」といい、プログラムの処理にキーボードからの割り込み指令が入って止まったことを伝えています。

キーボード割り込み

```
KeyboardInterrupt
```

無限ループ怖いですね。ショートカットキーを忘れちゃったらどうしたらいいんでしょう？

忘れちゃったらシェルウィンドウ閉じちゃえばいいよ

わざと無限ループにすることもある

対話型プログラムを作るときなどに、わざと無限ループにすることもあります。次の例では条件式にTrueを指定して無限ループを引き起きしています。ただし、終了条件が満たされたらbreak文（P.117参照）で無限ループを終了させています。

■chap3_10_2.py

```
1  while True:
2      text = input('qで終了')
3      if text == 'q':
4          break
```

1 真である限り ブール値True 以下を繰り返せ
2 （4字下げ）変数text 入れろ 入力させる 文字列「qで終了」
3 （4字下げ）もしも 変数text 等しい 文字列「q」 真なら以下を実行せよ
4 （4字下げ 4字下げ）このブロックから脱出せよ

終了する処理さえ書いておけば、無限ループにしても問題ないんだ

NO 11

復習ドリル

問題1：東西南北を表示するプログラムを書く

以下の読み下し文を読んで、東西南北を表示するプログラムを書いてください。
ヒント：chap3_3_1.py

読み下し文

```
1 リスト[文字列「東」,文字列「西」,文字列「南」,文字列「北」]を変数directionに入れろ
2 変数direction内の要素を変数dに順次入れる間、以下を繰り返せ
3   変数dを表示しろ
```

```
=========== RESTART: C:¥Users¥ohtsu¥Documents¥furipyBig¥chap3_11_1.py ==========
東
西
南
北
>>>
```

問題2：一部の曜日だけを表示するプログラムを書く

以下の読み下し文を読んで、月曜日～水曜日を表示するプログラムを書いてください。リストには「月、火、水、木、金」が記録されているものとします。
ヒント：chap3_4_1.py

読み下し文

```
1 リスト[文字列「月」,文字列「火」,文字列「水」,文字列「木」,文字列「金」]を変数wdaysに入れろ
2 変数wdaysの要素0～要素3直前を変数dayに順次入れる間、以下を繰り返せ
3   変数dayと文字列「曜日」を表示しろ
```

```
=========== RESTART: C:¥Users¥ohtsu¥Documents¥furipyBig¥chap3_11_2.py ==========
月 曜日
火 曜日
水 曜日
>>>
```

解答1

解答例は次のとおりです。

■chap3_11_1.py

変数direction　入れろ　文字列「東」　文字列「西」　文字列「南」　文字列「北」

……の間　変数d　内　変数direction　以下を繰り返せ

表示しろ　変数d

```
direction = ['東', '西', '南', '北']
for d in direction:
    print(d)
```

「月火水木金」を表示する代わりに「東西南北」にするんですね

そのとおり。ちょっと変えただけだよ

解答2

解答例は次のとおりです。

■chap3_11_2.py

変数wdays　入れろ　文字列「月」　文字列「火」　文字列「水」　文字列「木」　文字列「金」

……の間　変数day　内　変数wdays　数値0:数値3　以下を繰り返せ

表示しろ　変数day　文字列「曜日」

```
wdays = ['月', '火', '水', '木', '金']
for day in wdays[0:3]:
    print(day, '曜日')
```

先頭からスライスするときは開始インデックスを省略できるから、wdays[:3]でも正解とするよ

Python

FURIGANA PROGRAMMING

Chapter 

関数を作ろう

NO 01

関数を作る目的は何？

関数は自分で作ることもできるんだよ

へぇー、そうなんですか。あまり関数を作りたいと思わないんですけど……。どういう役に立つんでしょうか？

ちょっと複雑で長いプログラムを書くときに役立つんだよ

関数は複数の文をまとめて名前を付けたもの

関数を作ることを「関数定義」といいます。関数を定義するには、関数のブロック内にPythonの文を書いていきます。ブロック内での書き方はこれまでのプログラムとあまり変わらないので、プログラムの一部を字下げして名前を付けるイメージです。

「これまでも関数って書いてきたよね？」と思った人。それは関数の定義ではなく、関数の「呼び出し」です。念のため、関数、式、演算子、ifやforなどの文の関係を整理しておきましょう。

プログラム

```
def 関数名():
    文
    文
文
文
```

関数定義

文	プログラムの中の1つの処理。代入文、if文などの種類がある。
式	演算子、式、値、関数呼び出しなどを組み合わせたもので、文の一部になる。
演算子	計算や比較などを行う記号。式の一部になる。
関数	複数の文をまとめ、名前を付けて呼び出し可能にしたもの。

文　式　値　演算子　関数の呼び出し

呼び出し

```
def 関数名():
    文
    文
```

文の中に関数の呼び出しがあって、関数定義の中に文があるんですか……。うーん、ややこしい

そう考えると難しそうに感じるけど、1冊の本の中にある「章」や「節」のようなものとイメージしてみて。本でも「詳しくは3章4節を参照」という感じに参照を飛ばすでしょ。関数の定義と呼び出しもそれと似たようなものだよ

関数を自分で作るメリットは？

print関数やinput関数のような組み込み関数をイメージすると、関数は初心者が作るものではないように感じるかもしれません。しかし関数を作ること自体はそう難しくありませんし、プログラムを理解しやすくするさまざまなメリットがあります。

①プログラムの構造を理解しやすくなる

関数を作るというのは、プログラムの一部のまとまりに名前を付けることでもあります。例えば、「年齢層を判定する（get_age_group）関数」「割引価格を求める（get_discount_price）関数」といった具合です。人間が読む文章に見出しを付けると読みやすくなるのと同様に、プログラムのどこが何をしているのかがわかりやすくなります。

②関数は何度でも呼び出せる

print関数が何度でも呼び出せるのと同じように、自作の関数も何度でも呼び出せます。そのおかげで、プログラム内に同じ処理を繰り返し書かずに済みます。

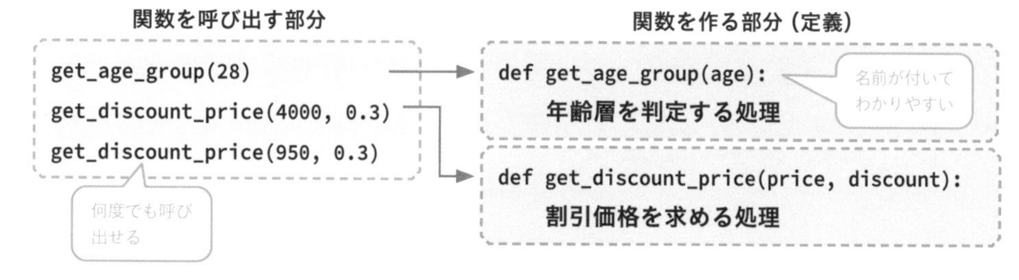

関数を自分で作る意味みたいなものがわかったかな？

なんとなく理解できましたけど、オリジナルの関数を作りたくなるような場面にはまだ遭遇してないので、ピンとこないですねー

サンプルプログラムを書いてみれば、その便利さを実感できるはずだよ。身近な例から行こう！

NO 02

関数の書き方を覚えよう

関数を使って、メールの定型文を自動作成してくれるプログラムを書いてみよう

それは実用的ですね！　でも定型文を自動作成する関数なんてありましたっけ？　printとは違いますよね…

うん、オリジナルの関数を作って、それを使うんだ

defでオリジナルの関数を定義する

関数を作るにはdef（デフ）を使います。defは英語の「define（定義する）」の略で、関数を作ることを「定義する」といいます。

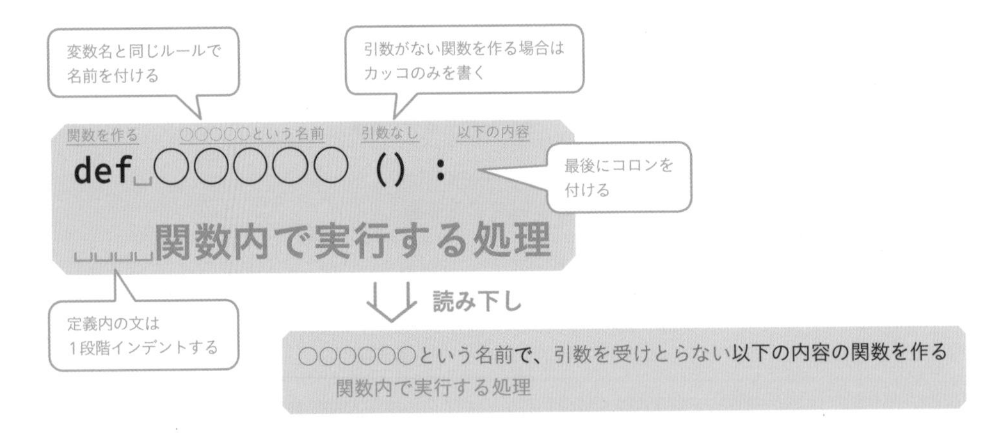

defのあとに関数名を書きます。関数名の付け方は変数と同じです。関数名のあとにはカッコを付けて、その関数が使う引数の名前を書きますが、引数を使う必要がない場合はカッコだけを書きます。関数内で実行する処理は、1段階インデントして書きます。このあたりはif文やfor文と似ていますね。

関数には引数や戻り値を持たせることもできるけど、まずはどちらもない状態から順番に説明していこう

定型メールの文面を作る関数を作る

ビジネスメール冒頭の挨拶や自己紹介などはいつも同じですよね。プログラムで自動化したいところです

自動化こそプログラムの強みだからね。定型文を自動作成するcreate_mail関数を用意してみたよ

create_mailなんて、関数名もそれっぽくていいですね！

以下では、create_mailという名前で、メールの定型文を自動入力する関数を定義します。サンプルを見るとわかるように、この関数の中身は2行のprint関数です。「PT企画の斉藤です。」と「今月の請求書を送ります。」という2つの文字列表示しています。

■chap4_2_1.py

```
1 def create_mail ():
2     print('PT企画の斉藤です。')
3     print('今月の請求書を送ります。')
```

（注記：1行目 関数を作る / create_mailという名前 / 引数なし / 以下の内容、2行目 4字下げ / 表示しろ / 文字列「PT企画の斉藤です。」、3行目 4字下げ / 表示しろ / 文字列「今月の請求書を送ります。」）

読み下し文

1 create_mailという名前で、引数を受けとらない以下の内容の関数を作る
2 　文字列「PT企画の斉藤です。」を表示しろ
3 　文字列「今月の請求書を送ります。」を表示しろ

実行しても何も起きませんよ。何か間違ってます？

関数は呼び出さないと実行されないよ。このサンプルではオリジナルの関数を定義しただけなんだ

そうか！　定義さえしてしまえば、呼び出し方は組み込み関数と同じですよね

作成した関数を呼び出す

定義した関数の呼び出し方は、組み込み関数と同じです。関数名に続けてカッコと引数を書きます。以下ではchap4_2_1.pyの末尾に、定義した関数create_mailの呼び出し文を書き足しています。サンプルでは引数を受けとらない関数を定義したので、関数名に続けて()と書きます。

■chap4_2_2.py

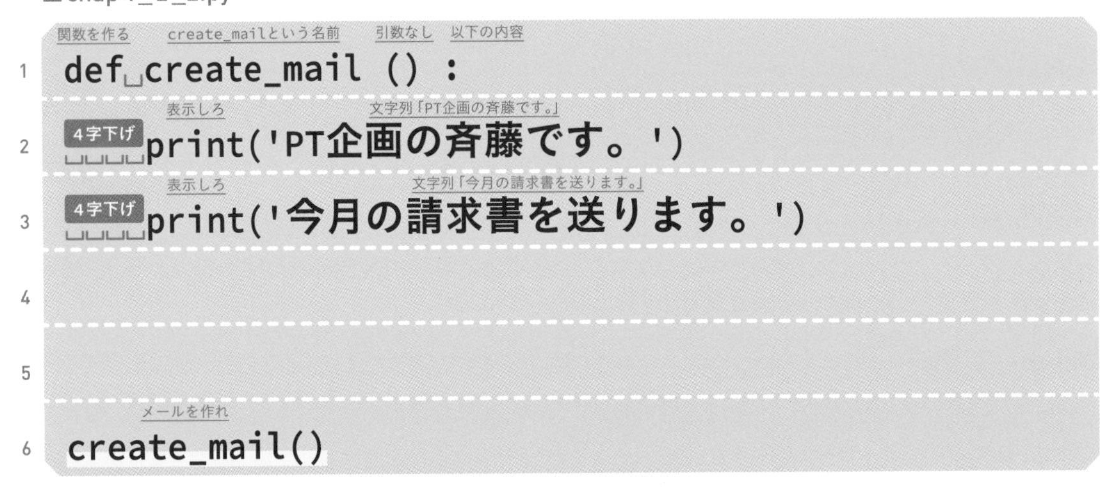


```
1 def create_mail () :
2     print('PT企画の斉藤です。')
3     print('今月の請求書を送ります。')
4
5
6 create_mail()
```

読み下し文

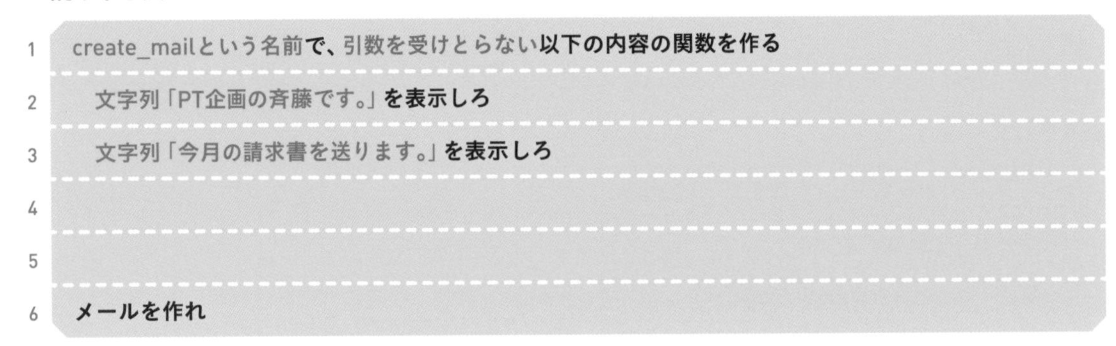

1 create_mailという名前で、引数を受けとらない以下の内容の関数を作る
2 　文字列「PT企画の斉藤です。」を表示しろ
3 　文字列「今月の請求書を送ります。」を表示しろ
4
5
6 メールを作れ

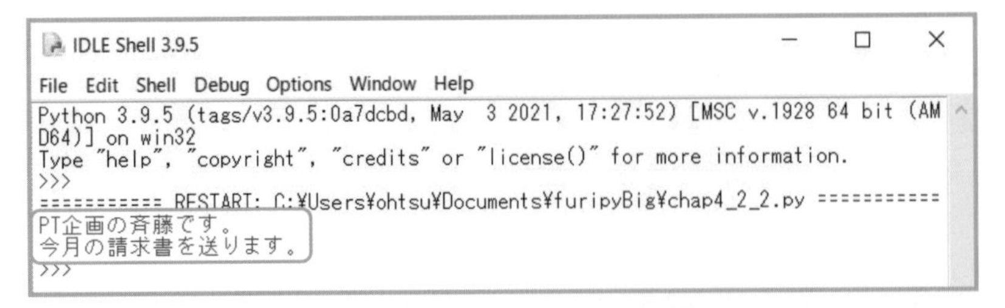

関数の呼び出し部分の読み下しは、関数の名前を直訳したものにしました。また、このサンプルでは関数の定義のあとに2行空けて関数の呼び出しを書いていますが、この空白行はなくてもかまいません

(P.27で説明しているコーディング規約では、関数定義のあとは2行空けるべきとされています)。重要なのはインデントをしないことです。インデントしていると、defのブロック内に入ってしまうため、「create_mail関数の中でcreate_mail関数を呼び出す」という意味になってしまいます。

引数を受けとる関数を作る

書き方はわかったんですが、何か回りくどくなっただけな気がします。関数の中の文をそのまま書いたほうがわかりやすいような……

この例だけだとそうかもね。じゃあ今度は引数を受けとる関数を作ってみようか？

引数を受けとる関数を定義する場合、関数名に続くカッコ内に引数の名前を書きます。ここで名前を付けた引数は、関数のブロック内で使用できます。

関数を作る　○○○○○という名前

カッコ内にカンマで区切って引数名を並べる

```
def ○○○○○(引数1, 引数2) :
    関数内で実行する処理
```

関数のブロック内では、引数を変数のように利用できる

読み下し

○○○○○○という名前で、引数1と引数2を受けとる以下の内容の関数を作る
　関数内で実行する処理

ここではメールの受信者を引数にして、関数の呼び出し時に任意に受信者名を指定できるようにするので、引数receiver（受信者）を定義します。その引数を使って文字列の「様」と並べて表示します。最後に、create_mail関数の呼び出し文を2つ書き、それぞれに異なる引数を指定します。

■chap4_2_3.py

```
1 def create_mail(receiver):
2     print(receiver, '様')
3     print('PT企画の斉藤です。')
```

1: 関数を作る / create_mailという名前 / 引数receiver / 以下の内容
2: 4字下げ / 表示しろ / 引数receiver / 文字列「様」
3: 4字下げ / 表示しろ / 文字列「PT企画の斉藤です。」

```
4   表示しろ                      文字列「今月の請求書を送ります。」
    4字下げ print('今月の請求書を送ります。')
5
6
    メールを作れ      文字列「山本」
7   create_mail('山本')
    メールを作れ      文字列「吉田」
8   create_mail('吉田')
```

読み下し文

1 create_mailという名前で、引数receiverを受けとる以下の内容の関数を作る
2 　引数receiverと文字列「様」を表示しろ
3 　文字列「PT企画の斉藤です。」を表示しろ
4 　文字列「今月の請求書を送ります。」を表示しろ
5
6
7 文字列「山本」を指定してメールを作れ
8 文字列「吉田」を指定してメールを作れ

サンプルでは最後に引数の文字列を変えた2つの呼び出し文を書いているので、文例も2つ表示されます。なお、メールを送信する機能は簡単には実現できないので、本書のサンプルでは文面をシェルウィンドウに表示するところで終わりです。文面をシェルウィンドウからコピーして使ってください。

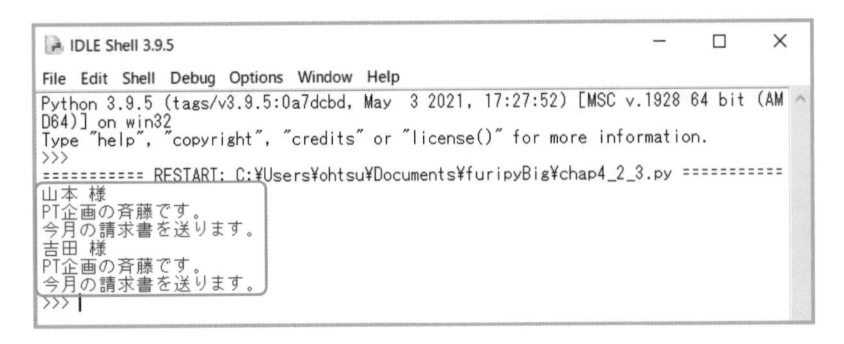

宛先の名前だけが違う文面が2つできましたね。

これなら関数を使ったほうが楽になることがわかるんじゃないかな？

確かに宛先だけ違う文面を何度も書くのは面倒ですよね。それにしてもプログラムというかメールの文例集みたいになってますね

そう思ってほしくて、こういう例にしたんだよ。要するに関数は使い回しできる文例みたいなものなんだ

変えたいところだけ引数で指定するんですね。

こんな引数も定義できる

関数の引数を定義する際に使える技を2つ紹介しましょう。1つ目は引数のデフォルト値です。デフォルト値（初期値）を指定すると、その引数は呼び出し時に省略可能になります。引数名のあとに=とデフォルト値を書きます。代入文と違って=の前後は空けません。
例えば、次の例では引数receiverを省略した場合は引数receiverに「担当者」が入るため、「担当者様」と表示されます。

関数を作る / create_mailという名前 / 引数receiver / デフォルト値は文字列「担当者」 / 以下の内容

```
1 def␣create_mail(receiver='担当者'):
```

読み下し文

1 create_mailという名前で、引数receiver（デフォルト値は文字列「担当者」）を受けとる以下の内容の関数を作る

もう1つは、print関数などに複数の値を渡すために使われる可変長引数の定義方法です。引数名の前に「*（アスタリスク）」を付けます。可変長引数はタプル（P.99参照）として渡されます。

関数を作る / create_mailという名前 / 可変長引数receivers / 以下の内容

```
1 def␣create_mail(*receivers):
```

読み下し文

1 create_mailという名前で、可変長引数receiversを受けとる以下の内容の関数を作る

NO 03

フォーマット済み 三重クォート文字列を使う

定型文を表示するために何行もprint関数を書くのはなんだか面倒ですね…

「三重クォート文字列」や「フォーマット済み文字列」を使うと、print文をたくさん書かなくて済むからプログラムが少しスッキリするよ

プログラムがスッキリしたほうがわかりやすいですもんね。教えてください！

三重クォート文字列で長文の文字列を作る

先のchap4_2_3.pyでは、定型文を表示するために複数のprint文を書いていましたが、「三重クォート文字列」を使えばもっとシンプルにできます。

三重クォート文字列は'''（シングルまたはダブルクォート3つ）で囲んだ範囲に書いた文字列のことで、この範囲内での改行やスペースはプログラムの実行結果に反映されます。長い文章を変数に入れたい場合に便利な機能です。

開始の'''の直後から1行目が始まる

```
変数 = '''ここに複数行の文章を書く
ここに複数行の文章を書く
'''
```

入れろ ／ 1行目「ここに複数行の文章を書く」 ／ 2行目「ここに複数行の文章を書く」

三重クォート文字列内の改行や字下げは、文字列に反映される

終了の'''は字下げせずに書く

三重クォート文字列内の文には1行目、2行目とふりがなを振ります。また、読み下し文では『』で囲んで示します。

フォーマット済み文字列に変数を差し込む

文字列の途中に変数や引数の値を差し込みたい場合は、フォーマット済み文字列（f-stringとも呼ぶ）を使うと便利です。フォーマット済み文字列内に「{変数名}」と書くと、その部分に変数の値が差し込まれます。

クォートの前にfを書く

フォーマット済み文字列「{receiver}様、はじめまして」

f'{receiver}様、はじめまして'

波カッコの部分に変数の値が差し込まれる

三重クォートの前にfを付けると、三重クォート文字列に変数を差し込めるんだ

メール定型文の受信者名に任意の文字列を差し込む

chap4_2_3.pyをもとにして、フォーマット済み三重クォート文字列を使う形に修正してみましょう。三重クォート文字列は1行ごとに改行し、ブロック内でもインデントしないでください。今回は受信者名に加えて請求額も表示することにし、create_mail関数の引数はreceiverとbillの2つになります。

■chap4_3_1.py

```
def create_mail(receiver, bill):
    msg = f'''{receiver}様
PT企画の斉藤です。
今月の請求額は{bill}円です。
'''
    print(msg)


create_mail('山本', 40000)
```

1: 関数を作る / create_mailという名前 / 引数receiver / 引数bill / 以下の内容
2: 4字下げ / 変数msg / 入れろ / フォーマット済み三重クォート文字列 / 1行目「{receiver}様」
3: 2行目「PT企画の斉藤です。」
4: 3行目「今月の請求額は{bill}円です。」
6: 4字下げ / 表示しろ / 変数msg
9: メールを作れ / 文字列「山本」 / 数値40000

読み下し文

1	create_mailという名前で、引数receiverと引数billを受けとる以下の内容の関数を作る
2	変数msgに次のフォーマット済み三重クォート文字列を入れろ
3	『{receiver}様
4	PT企画の斉藤です。
5	今月の請求額は{bill}円です。』
6	変数msgを表示しろ
7	
8	
9	文字列「山本」と数値40000を指定してメールを作れ

プログラムの実行結果は次のようになります。「山本」と「40000」がcreate_mail関数の引数receiverと引数billに渡され、それが請求金額の{}に差し込まれます。

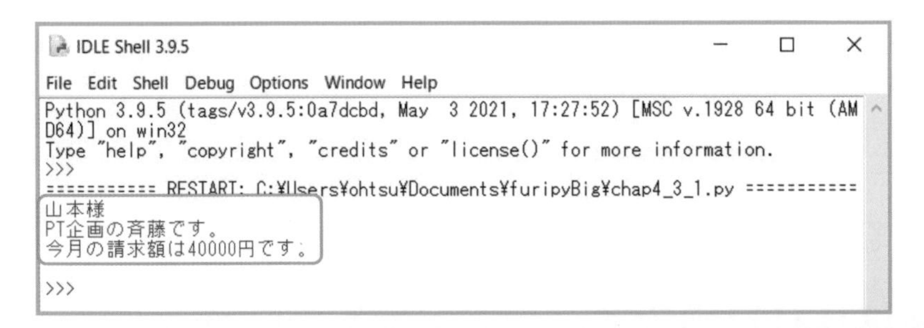

結果はほとんど同じですけど、定型文のところが読みやすくなりましたね

だよね。フォーマット済み文字列はとても便利だから、基本的な使い方を覚えておいてね

関数の中でのみ有効なローカル変数

関数の中で作った変数を「ローカル変数」と呼びます。ローカル変数は関数のブロック内でのみ有効です。今回の例でいえば、変数msgはcreate_mail関数のブロック内でしか使えません。そのため、関数外（呼び出し元など）からは利用できないことに注意してください。ですから、関数と関数外とのやりとりには変数を使うのではなく、引数と戻り値を使うようにしましょう。

NO 04

戻り値を返す関数を作る

経費の7%を手数料として乗せる場合があるんですが、定型文を作るついでにその計算もできないですかね？

やってみよう。でもcreate_mail関数の中に追加するのは変だから、別の関数に分けたほうがいいね

新しい関数を定義するんですね

関数の実行結果の値を返すreturn文

組み込み関数のinputやintは「戻り値」を返す関数でした（47ページ）。自作の関数で戻り値を返したい場合は、return（リターン）文を書きます。

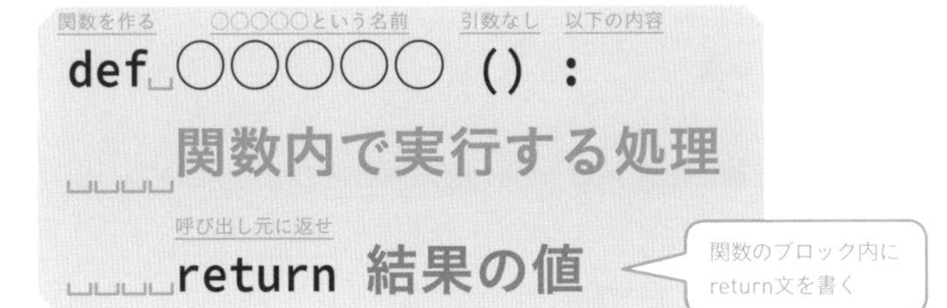

読み下し

○○○○○という名前で、引数を受けとらない以下の内容の関数を作る
　関数内で実行する処理
　結果の値を呼び出し元に返せ

retrun文は関数から脱出（終了）するという働きも持っています。そのため、引数の値をif文でチェックして、不適切であればその時点で関数から脱出するという使い方もよくされます。

元の値に7%を上乗せする関数を定義する

経費の7%を手数料として上乗せし、その結果を求めて戻り値として返すadd_charge関数を定義します。

■chap4_4_1.py

```
関数を作る  add_chargeという名前  引数bill  以下の内容
1 def␣add_charge(bill):
      呼び出し元に返せ  整数化  引数bill 掛ける 数値1.07
2 4字下げ␣␣␣␣return␣int(bill * 1.07)
3
4
   表示しろ  手数料を追加しろ  数値40000
5 print(add_charge(40000))
```

return文の「結果の値」の部分には、引数billに1.07を掛ける式が書かれています。この式の結果がadd_charge関数の戻り値になります。

読み下し文

1 add_chargeという名前で、引数billを受けとる以下の内容の関数を作る
2 　引数bill に数値1.07を掛けた結果を整数化して呼び出し元に返せ
3
4
5 数値40000を指定して手数料を追加した結果を表示しろ

実行結果は以下のようになります。引数40000を指定してadd_charge関数を呼び出したので、1.07を掛けた42800が表示されます。

```
File Edit Shell Debug Options Window Help
Python 3.9.5 (tags/v3.9.5:0a7dcbd, May  3 2021, 17:27:52) [MSC v.1928 64 bit (AM
D64)] on win32
Type "help", "copyright", "credits" or "license()" for more information.
>>>
=========== RESTART: C:¥Users¥ohtsu¥Documents¥furipyBig¥chap4_4_1.py ===========
42800
>>>
```

計算結果はreturn文で戻り値にしないとダメなんですか？　add_charge関数の中で「print(bill*1.07」)」って表示しても結果は同じになると思うんですけど

確かにこのサンプルだと結果は同じだね。でも、戻り値にすれば関数同士の連携ができる。少しあとで、戻り値をcreate_mail関数に渡して文例の中に差し込んでみよう

NO 05

辞書を使って複数のデータをまとめる

これまでに「宛先の名前」「請求額」「手数料」の3種類のデータが出て来たけど、これはセットにして記録したほうがいいね

そうですね。データをまとめるんだからリストを使えばいいんですか？

用途が違うデータをまとめるときは「辞書」が便利だよ

辞書の書き方と使い方

辞書は複数のデータをまとめて記録する型の1つで、dict型とも呼びます。複数のデータをまとめるという点では100ページで解説したリストに似ていますが、辞書に含むデータにはそれぞれに「キー」を付けます。キーは個々のデータの種類を識別するためのラベルのようなもので、「名前」「金額」「身長」「体重」といった異なる種類のデータを1つの辞書にまとめることができます。

辞書を書くには全体を「{}（波カッコ）」で囲み、その中にキーと値の組み合わせを「:（コロン）」で区切って書きます。本書ではキーに文字列を使用しますが、他の型も使用できます。

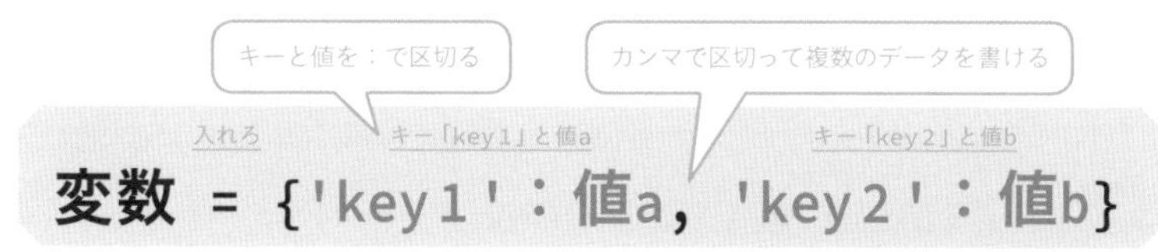

読み下し

辞書 {キー「key1」と値a, キー「key2」と値b} を変数に入れろ

辞書から値を取り出す際は、角カッコの中にキーを書きます。リストではインデックスを指定し、辞書ではキー名を指定すると覚えておきましょう。「変数のキー『key1』」のように読み下します。

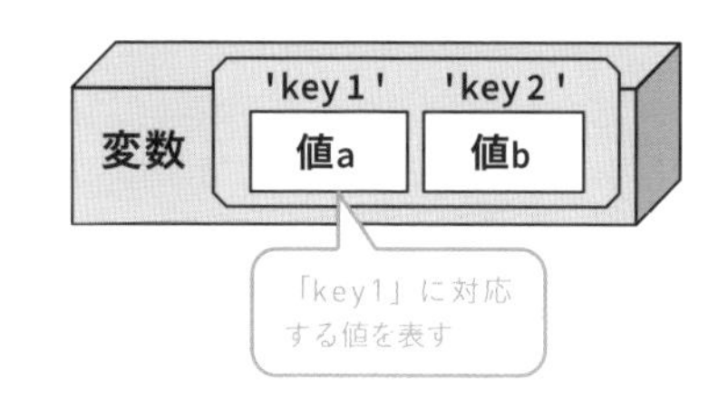

1人分のデータを辞書に入れる

では実際に辞書を作って内容を表示するプログラムを書いてみましょう。各データには「name」「bill」「crg」というキーを付けます。nameは受信者の名前、billは請求額です。crgはchargeの略で、手数料を乗せる必要があるときはTrue、不要な場合はFalseを指定します。

■chap4_5_1.py

```
  変数data 入れろ  キー「name」 と 文字列「山本」  キー「bill」 と 数値5000  キー「crg」 と 真偽値True
1 data = {'name': '山本', 'bill': 5000, 'crg': True}
  表示しろ 変数data 文字列「name」
2 print(data['name'])
  表示しろ 変数data 文字列「bill」
3 print(data['bill'])
```

コーディング規約では、キーと値を区切る「:」は、左を空けず右だけを空けることになっています。

読み下し文

1 **辞書** {キー「name」と文字列「山本」, キー「bill」と数値5000, キー「crg」と真偽値True} **を**変数dataに入れろ

2 変数dataのキー「name」を表示しろ

3 変数dataのキー「bill」を表示しろ

プログラムの実行結果は以下のようになります。キー「name」の値である「山本」と、キー「bill」の「5000」が表示されます。

```
IDLE Shell 3.9.5
File Edit Shell Debug Options Window Help
Python 3.9.5 (tags/v3.9.5:0a7dcbd, May  3 2021, 17:27:52) [MSC v.1928 64 bit (AM
D64)] on win32
Type "help", "copyright", "credits" or "license()" for more information.
>>>
=========== RESTART: C:¥Users¥ohtsu¥Documents¥furipyBig¥chap4_5_1.py ===========
山本
5000
>>>
```

リストと似ていて、ちょっと違うって感じですね

うん。リストのデータには順番しかないのに対し、辞書では「これは名前」「これは請求額」という具合に、個々のデータの種類が意識されるんだ

複数人のデータをリストにまとめる

メールを送りたい人は何人かいるんですが、それはどうしたらいいですか？

そういうときはリストの中に辞書を入れよう

リストの中に辞書？　これまた不思議なことをいい出しましたね……

リストの角カッコの中に、辞書の波カッコをカンマで区切って書くと、複数の辞書をまとめたリストを作ることができます。

■chap4_5_2.py

```
data = [
    {'name': '山本', 'bill': 5000, 'crg': True},
    {'name': '吉田', 'bill': 7000, 'crg': False}
]
print(data[1]['name'])
print(data[1]['bill'])
```

（注記：1行目 変数data 入れろ／2行目 キー「name」 と 文字列「山本」 キー「bill」 と 数値5000 キー「crg」 と 真偽値True／3行目 キー「name」 と 文字列「吉田」 キー「bill」 と 数値7000 キー「crg」 と 真偽値False／5行目 表示しろ 変数data 数値1 文字列「name」／6行目 表示しろ 変数data 数値1 文字列「bill」）

こうして作ったリスト内の辞書から特定の値を取り出すには、変数[リストのインデックス][辞書のキー]という形で書きます。

読み下し文

1. リスト[
2. 　辞書{キー「name」と文字列「山本」, キー「bill」と数値5000, キー「crg」と真偽値True},
3. 　辞書{キー「name」と文字列「吉田」, キー「bill」と数値7000, キー「crg」と真偽値False}
4.]を変数dataに入れろ
5. 変数dataの要素1のキー「name」を表示しろ
6. 変数dataの要素1のキー「bill」を表示しろ

プログラムの実行結果は以下のようになります。ここではリストの要素1（0から数えて1番目）から、キー「name」とキー「bill」の値を表示しています。

```
=========== RESTART: C:¥Users¥ohtsu¥Documents¥furipyBig¥chap4_5_2.py ===========
吉田
7000
>>>
```

読み下し文もプログラムとあまり変わらないですね……

データが並んでるだけだからねー。表のイメージでとらえてみたらわかりやすいんじゃないかな

あー、各行を{ }で囲んで、全体を[ ]で囲む感じですね

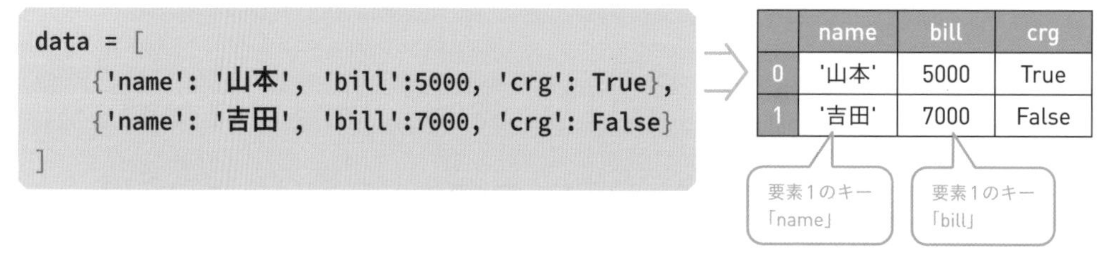

```
data = [
    {'name': '山本', 'bill':5000, 'crg': True},
    {'name': '吉田', 'bill':7000, 'crg': False}
]
```

	name	bill	crg
0	'山本'	5000	True
1	'吉田'	7000	False

1つ注意が必要なのは、今回の例はたまたま表形式に近いけど、リストや辞書のデータ構造そのものは表形式じゃないという点。やろうと思えば、リスト内の辞書ごとに形式を変えることもできるし、辞書の中にリストを入れることもできる。表形式よりもずっと柔軟なんだ

余計なカンマがあってもOK

辞書やリストを定義するときは、値の最後にカンマを書いてもエラーになりません。これなら新しい行を追加するときにカンマを付け足す必要がないため、コーディング規約ではこの書き方が推奨されています。

```
data = [
    1つ目の要素,
    2つ目の要素,  ――カンマがあってもOK
]
```

NO 06

関数を組み合わせて使ってみよう

ここまででcreate_mail関数とadd_charge関数を作って、データを辞書にまとめたよね

次は組み合わせて使うんですね。これで請求の仕事が一気にできます

お、話が早いね。今回は「モジュール」というものを作って関数を組み合わせてみるよ

別ファイルで定義した関数を使うには

Pythonでは別のプログラムファイル内で定義されている関数を取り込んで利用することができます。この場合、プログラムファイルのことを「モジュール」と呼び、モジュールから関数を取り込むことを「インポート」といいます。今回はこれまで作成した2つの関数を1つのモジュールにまとめ、それを読み込んで利用します。

❶入力済みのサンプルファイルから関数の定義（def）だけをコピー

❷新しいファイルにdefをペーストする

❸関数定義をまとめたファイルをインポートして関数を利用する

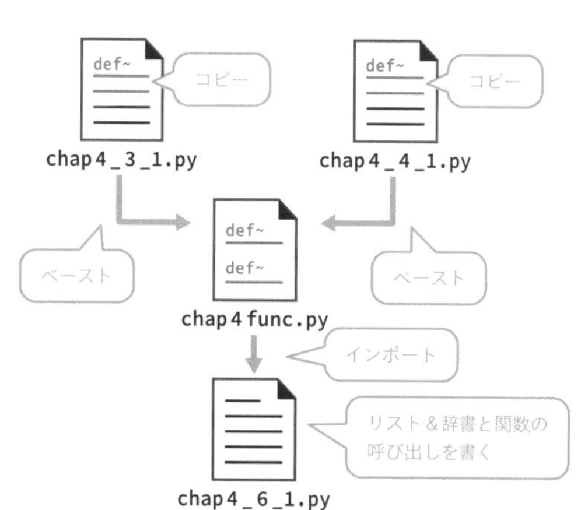

モジュールとは、これまで書いてきたプログラムと同じく拡張子が「.py」のファイルです。ですから、理屈の上ではこれまでに入力したファイルもインポートできます。なお、モジュールの名前は変数や関数と同じルールで名前を付けなければいけません。「-（マイナス）」などの記号を含めたファイル名だとインポートできないので注意してください。

モジュールを作る

メールの定型文を表示するcreate_mail関数と、請求金額に手数料を上乗せするadd_charge関数を、chap4funcモジュールにまとめます。モジュール作成に特別な操作は必要ありません。chap4_3_1.pyからcreate_mail関数の定義を、chap4_4_1.pyからadd_charge関数の定義をコピーして、新たなファイルにペーストするだけです。それを「chap4func.py」という名前で保存すれば、モジュールの完成です。

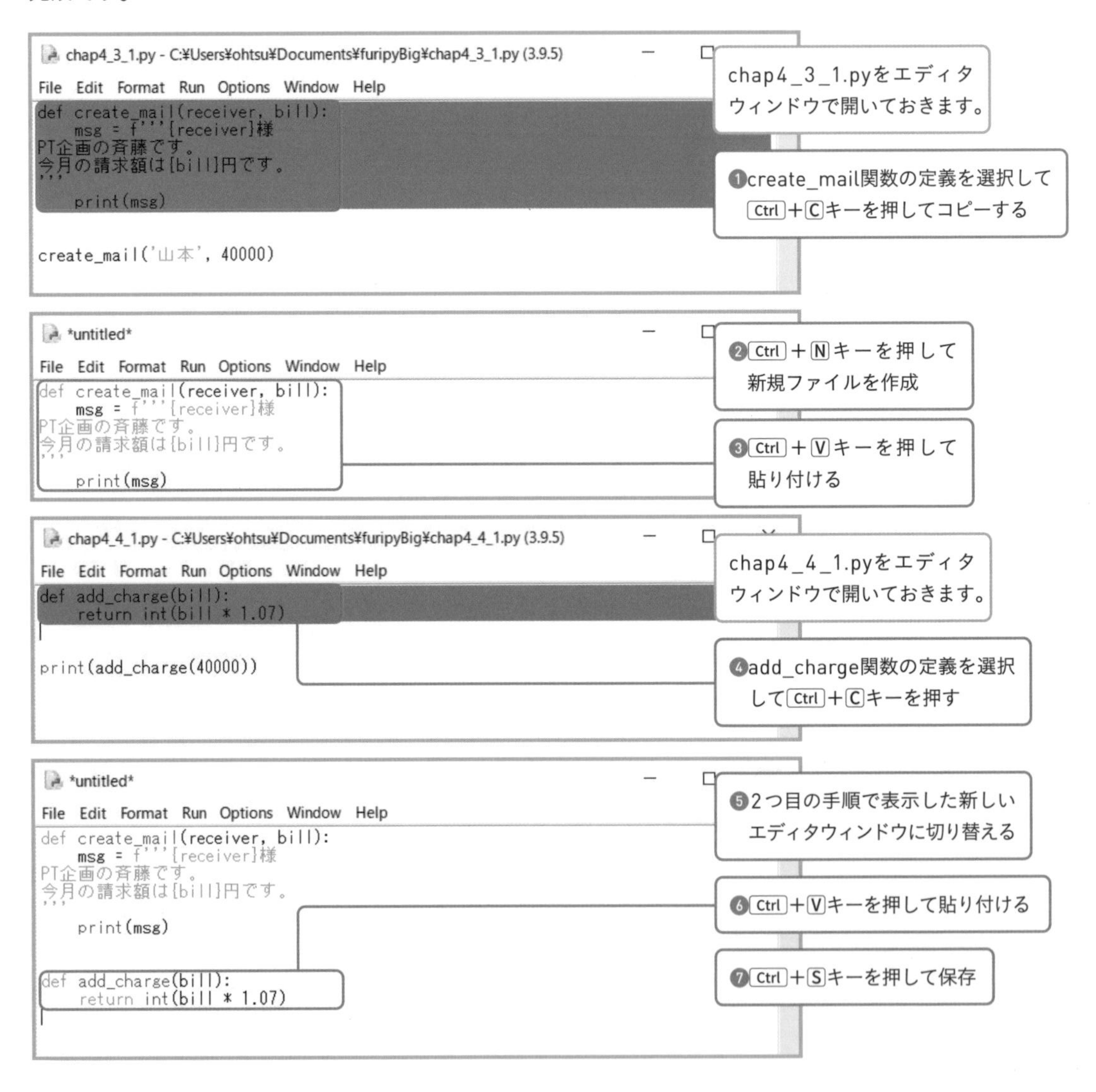

Macの場合はCtrlキーの代わりにCommandキーを押してください。

今までやってきたプログラムの作り方と変わらないですね

そう。関数定義のファイルと呼び出すファイルが分かれただけって思えばいいよ

ここまでの操作で作成したモジュール「chap4func.py」のコードは次のようになります。2つ目の関数の定義をペーストするときに、1つ目の定義のインデントを引き継いでしまわないように注意してください。

■chap4func.py

```
関数を作る create_mailという名前 引数receiver 引数bill 以下の内容
1  def␣create_mail(receiver, bill):
変数msg 入れろ フォーマット済み三重クォート文字列 1行目「{receiver}様」
2  [4字下げ]␣␣␣␣msg = f'''{receiver}様
2行目「PT企画の斉藤です。」
3  PT企画の斉藤です。
3行目「今月の請求額は{bill}円です。」
4  今月の請求額は{bill}円です。
5  '''
表示しろ 変数msg
6  [4字下げ]␣␣␣␣print(msg)
7
8
関数を作る add_chargeという名前 引数bill 以下の内容
9  def␣add_charge(bill):
呼び出し元に返せ 整数化 引数bill 掛ける 数値1.07
10 [4字下げ]␣␣␣␣return␣int(bill * 1.07)
```

読み下し文は以下のようになります。chap4_3_1.pyとchap4_4_1.pyの関数の定義部分を組み合わせただけです。

読み下し文

```
1  create_mailという名前で、引数receiverと引数billを受けとる以下の内容の関数を作る
2    変数msgに次のフォーマット済み三重クォート文字列を入れろ
3    『{receiver}様
4    PT企画の斉藤です。
5    今月の請求額は{bill}円です。』
6    変数msgを表示しろ
7
8
9  add_chargeという名前で、引数bill を受けとる以下の内容の関数を作る
10   引数bill に数値1.07を掛けた結果を整数化して呼び出し元に返せ
```

関数をインポートする

モジュールのファイルって、どこに保存してもいいんですか？

「chap4func.py」と、インポート先の「chap4_6_1.py」は必ず同じフォルダに保存してね。そうしないと面倒なんだよ

わかりました。どちらもChapter 1で作ったfuripyBigフォルダに入れます

新しいファイルを作成して、モジュールを利用するプログラムを書いていきましょう。

モジュールの関数を利用するには、import（インポート）文を書きます。「import モジュール名」と書いてモジュールを取り込みます。関数を呼び出すときは「モジュール名.関数名()」と書きます（import文には別の書式もあります）。

まずは試しにcreate_mail関数を利用してみましょう。

■chap4_6_1.py

取り込め　モジュール「chap4func」

モジュール「chap4func」　create_mail関数を呼び出せ　文字列「山本」　数値40000

```
1  import chap4func
2  chap4func.create_mail('山本', 40000)
```

「import」は「輸入」という意味ですが、「取り込め」と読み下します。呼び出しは「モジュール名.関数名()」と書かないといけないので、「chap4func.create_mail()」と書きます。

読み下し文

1 **モジュール「chap4func」を取り込め**

2 **文字列「山本」と数値40000を指定してモジュール「chap4func」のcreate_mail関数を呼び出せ**

プログラムの実行結果は以下のようになります。create_mail関数の引数に指定した「山本」と「40000」が定型文に差し込まれています。

```
Python 3.9.5 (tags/v3.9.5:0a7dcbd, May  3 2021, 17:27:52) [MSC v.1928 64 bit (AM
D64)] on win32
Type "help", "copyright", "credits" or "license()" for more information.
>>>
=========== RESTART: C:¥Users¥ohtsu¥Documents¥furipyBig¥chap4_6_1.py ===========
山本様
PT企画の斉藤です。
今月の請求額は40000円です。

>>> |
```

モジュールからインポートした関数を使うときは、「モジュール.関数」と書いて呼び出すんだ。

これメソッドの呼び出し方ですよね。create_mail関数はメソッドになったんですか？

書き方は似てるけどそうじゃないんだ。この場合は「モジュールに所属する関数」という意味なんだ

import文の形式

import文の書き方は、「import モジュール名」の他にいくつかあります。Chapter 5、6で使用します。

モジュール内の一部だけをインポート

```
from pathlib import Path
```

インポートしたものに別名を付ける

```
import matplotlib.pyplot as plt
```

データの数だけ関数を呼び出す

今度は143ページで作ったリスト＆辞書データを組み合わせます。リストのデータは、サンプルchap4_5_2.pyからコピーしてかまいません。

■chap4_6_2.py

```
import chap4func
data = [
    {'name': '山本', 'bill': 40000, 'crg': True},
    {'name': '吉田', 'bill': 25000, 'crg': False}
]
for record in data:
    bill = record['bill']
    if record['crg']:
        bill = chap4func.add_charge(bill)
    chap4func.create_mail(record['name'], bill)
```

モジュールをインポートしてから、辞書＆リストデータを作って変数dataに入れます。for文を使ってリストから順番に要素（この場合は辞書）を取り出し、キー「bill」の値を変数billに入れます。このときキー「crg」がTrueなら手数料を乗せる必要があるので、add_charge関数を呼び出して手数料込みの価格を求めます。最後にcreate_mail関数を呼び出して文例を表示します。

読み下し文

1 モジュール「chap4func」を取り込め
2 リスト［
3 辞書｛キー「name」と文字列「山本」, キー「bill」と数値40000, キー「crg」と真偽値True｝,
4 辞書｛キー「name」と文字列「吉田」, キー「bill」と数値25000, キー「crg」と真偽値False｝

5	］を変数dataに入れろ
6	変数data内の要素を変数recordに順次入れる間、以下を繰り返せ
7	変数recordのキー「bill」を変数billに入れろ
8	もしも変数recordのキー「crg」が真なら以下を実行せよ
9	変数billを指定してモジュール「chap4func」のadd_charge関数を呼び出して、結果を変数billに入れろ
10	変数recordのキー「name」と変数billを指定してモジュール「chap4func」のcreate_mail関数を呼び出せ

プログラムの実行結果は以下になります。リストに2つのデータが入っているので、2つの文例が表示されます。

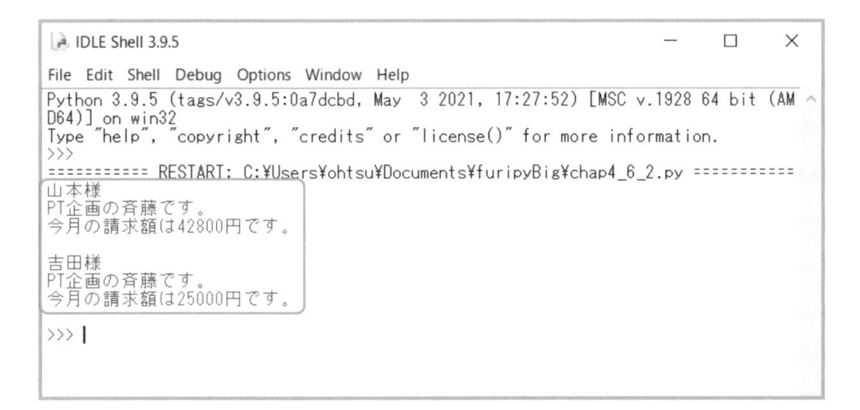

請求完了！　仕事が早く終わったので今日はもう帰りますー

そう慌てないで、エラーメッセージの話も聞いていきなよ……

数値をカンマ区切りで表示するには

フォーマット済み文字列では、数値を3桁ごとにカンマで区切って表示することも可能です。「{変数名:書式}」の形式で書式を指定できるので、今回のサンプルであれば「{bill:,}」と書くとカンマ区切りで表示されます。

NO 07

エラーメッセージを読み解こう④

関数の定義より前に関数を呼び出している

関数の呼び出しは関数定義よりあとに書く決まりです。以下の例では、defで定義するより前に関数を呼び出しています。defで定義したあとに関数を呼び出すというルールに反しているため、エラーメッセージが表示されます。

エラーが発生しているプログラム

```
print(add_charge(40000))


def add_charge(bill):
    return int(bill * 1.07)
```

表示されるのはネームエラーのメッセージです。ネームエラーは、Pythonのインタープリタが変数や関数の名前を理解できないときに表示されます。

エラーメッセージ

名前エラー　名前　「add_charge」　されていない　定義

```
NameError: name 'add_charge' is not defined
```

読み下し文

名前エラー：名前「add_charge」は定義されていない

引数の数が合っていない

関数定義と呼び出しで引数の数が合っていない場合もエラーになります。

エラーが発生しているプログラム

```
def create_mail(receiver, bill):
    msg = f'''{receiver}様
```

```
……中略……
create_mail('山本')
```

エラーメッセージ

```
TypeError: create_mail() missing 1 required
positional argument: 'bill'
```

（型エラー／create_mail関数／欠落している／1つの／要求された／位置／引数／'bill'）

読み下し文

型エラー：create_mail関数は必要な位置引数が1つ足りません：'bill'

位置引数というのは、キーワード引数（48ページ参照）に対する用語です。create_mail関数では第1引数がreceiver、第2引数がbillなので、1つしか指定しない場合は第2引数のbillが指定されていないと指摘されます。

引数にデフォルト値を指定している場合は、省略してもエラーにならないよ（135ページ参照）

モジュールがインポートできない

import文でエラーが発生するケースです。以下の例では、「cap4fnc」という名前のモジュールをインポートしようとしています。

エラーが発生しているプログラム

```
import cap4fnc
```

これは「chap4func」と書くのを間違えているので、指定したモジュールが見つからないというエラーメッセージが表示されます。モジュールのファイル名が間違っている以外に、現在書いているプログラムと同じ保存先のフォルダにモジュールがないケースも考えられます。

エラーメッセージ

```
ModuleNotFoundError: No module named 'cap4fnc'
```

（モジュール未発見エラー：／ない／モジュール／名付けられた／「cap4fnc」）

読み下し文

モジュール未発見エラー：「cap4fnc」という名前のモジュールがない

NO 08 復習ドリル

問題1：create_mail関数の文面を変更する

次のプログラムを変更し、○○様のあとに「お世話になっております。」と表示する関数に変更してください。読み下し文を参考にしてください。

■chap4_8_1.py

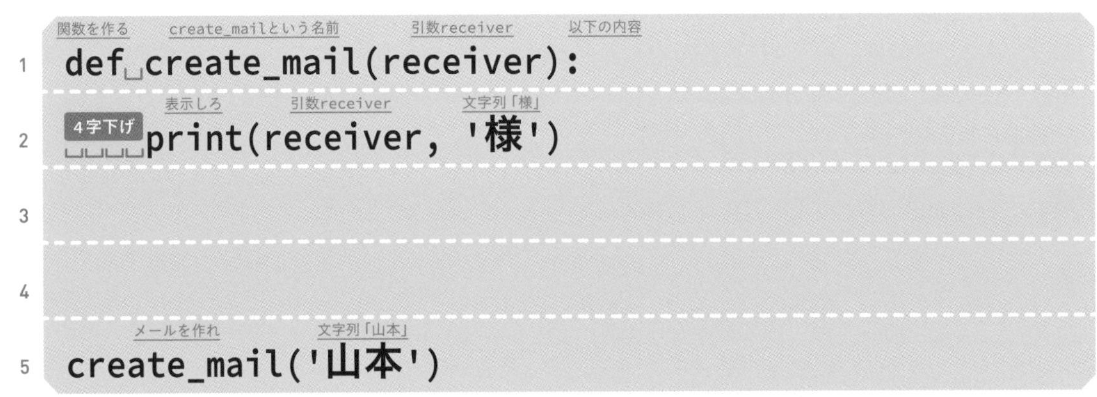

解答の読み下し文は以下のようになります。

読み下し文

1 create_mailという名前で、引数receiverを受けとる以下の内容の関数を作る

2 　引数receiverと文字列「様」を表示しろ

3 　文字列「お世話になっております。」を表示しろ

4

5

6 文字列「山本」を指定してメールを作れ

問題2：請求額がマイナスのときは0を返す

add_charge関数に、請求額（引数bill）がマイナスのときは0を返す文を追加してください。読み下し文を参考にしてください。

■chap4_8_2.py

```
def␣add_charge(bill):
␣␣␣␣return␣int(bill * 1.07)


print(add_charge(-1000))
```

（注釈：1行目 関数を作る／add_chargeという名前／引数bill／以下の内容、2行目 4字下げ／呼び出し元に返せ／整数化／引数bill／掛ける／数値1.07、5行目 表示しろ／手数料を追加しろ／数値-1000）

解答の読み下し文は以下のようになります。

読み下し文

1. add_chargeという名前で引数billを受けとる以下の内容の関数を作る
2. 　もしも「引数billが数値0より小さい」が真ならば以下を実行しろ
3. 　　数値0を呼び出し元に返せ
4. 　引数billに数値1.07を掛けた結果を整数化して呼び出し元に返せ
5.
6.
7. 数値-1000を指定して手数料を追加した結果を表示しろ

読み下し文が「もしも」だから、if文を追加するんですね

そういうことだね

解答1

解答例は次のとおりです。

■chap4_8_1.py

```
関数を作る  create_mailという名前  引数receiver  以下の内容
1 def␣create_mail(receiver):
      表示しろ  引数receiver  文字列「様」
2 4字下げ␣␣␣␣print(receiver, '様')
      表示しろ  文字列「お世話になっております。」
3 4字下げ␣␣␣␣print('お世話になっております')
4
5
      メールを作れ  文字列「山本」
6 create_mail('山本')
```

解答2

解答例は次のとおりです。

■chap4_8_2.py

```
関数を作る  add_chargeという名前  引数bill  以下の内容
1 def␣add_charge(bill):
      もしも  引数bill  小さい  数値0  真ならば以下を実行しろ
2 4字下げ␣␣␣␣if␣bill < 0:
      呼び出し元に返せ  数値0
3 4字下げ 4字下げ␣␣␣␣␣␣␣␣return 0
      呼び出し元に返せ  整数化  引数bill  掛ける  数値1.07
4 4字下げ␣␣␣␣return␣int(bill * 1.07)
5
6
      表示しろ  手数料を追加しろ  数値-1000
7 print(add_charge(-1000))
```

Python

FURIGANA PROGRAMMING

Chapter 

標準ライブラリを使ってみよう

NO 01

Pythonのライブラリとは？

Pythonのライブラリって、専門書だけの図書館でもあるんですか？

図書館という意味ではそうかもね。Pythonで使えるモジュールがたくさん登録されているところだよ

Chapter 4で学習したモジュールですか。自分で作らなくても便利な関数が使えるってことですね！

基本的なモジュールがまとめられた標準ライブラリ

Chapter 4でオリジナルの関数をまとめたモジュールを作りましたが、実はPythonには、はじめから多数のモジュールが付属しています。これら付属のモジュールを総称して「標準ライブラリ」と呼びます。

標準ライブラリのモジュールを利用することで、プログラムでできることの範囲をさらに広げることができます。標準ライブラリはimport文でインポートするだけですぐに利用できます。

標準ライブラリのモジュール（抜粋）

モジュール名	説明
datetime	日時を扱う
json	Webでよく用いられるJSON形式のデータを扱う
math	三角関数など数値計算用の関数がまとめられている
pathlib	ファイルやフォルダの操作を行う
random	乱数（デタラメに見える数）を生成する
itertools	イテレータ（反復可能なデータ）を扱う
tkinter	GUIアプリケーションを作る
zipfile	ZIP形式の圧縮ファイルを扱う

高機能なサードパーティ製パッケージも公開されている

標準ライブラリに収められているのは、誰でも使いそうな基本的なものが中心です。次のような特殊な機能が必要な場合は「サードパーティ製パッケージ」を利用します。

- **画像処理**
- **Excelのファイル操作**
- **科学技術計算**
- **機械学習**
- **Webアプリケーションの構築**

パッケージは、モジュールを配布しやすくしたものです。有志のプログラマが開発したサードパーティ製パッケージがインターネット上で公開されており、その多くは無償でダウンロードして利用することができます。サードパーティ製パッケージはpip（ピップ）というコマンドを使って簡単にインストールできます。サードパーティ製パッケージは、次のChapter 6で挑戦します。

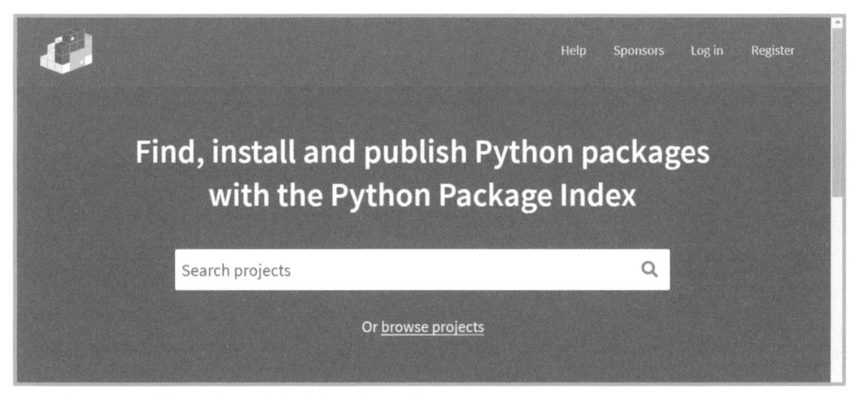

サードパーティ製パッケージを検索できる「PyPI-the Python Package Index」
https://pypi.org

サードパーティ製パッケージが使えると世界が広がりそうですね

そのとおりだよ。でも、まずは標準ライブラリを触るところから始めよう

組み込み型や組み込み関数も使いこなそう

これまで何度か登場してきたstr、int、listなどの型は、標準ライブラリよりもさらに密接にPythonに組み込まれているもので、組み込み型と呼びます。組み込み型や組み込み関数はインポートせずに使える基礎中の基礎です。このChapterでは組み込み型と標準ライブラリを組み合わせて使っていきます。

Python	標準ライブラリ	サードパーティ製パッケージ
組み込み型や組み込み関数	さまざまな型や関数	さまざまな型や関数

NO 02

標準ライブラリから目的の機能を探す

標準ライブラリにモジュールがいっぱいあることはわかりました。全部の使い方を教えてください！

公式ドキュメントから情報を探すコツさえつかめば、自力で調べることもできるようになるよ

リファレンスを使って目的のモジュールを探す

標準ライブラリについての第一の資料は、Python公式サイトにある「Python標準ライブラリ」というドキュメントです。有志によって日本語訳されているので、まずはここから使いたい機能を探してみましょう。

- **Python標準ライブラリ**
  https://docs.python.org/ja/3/library/

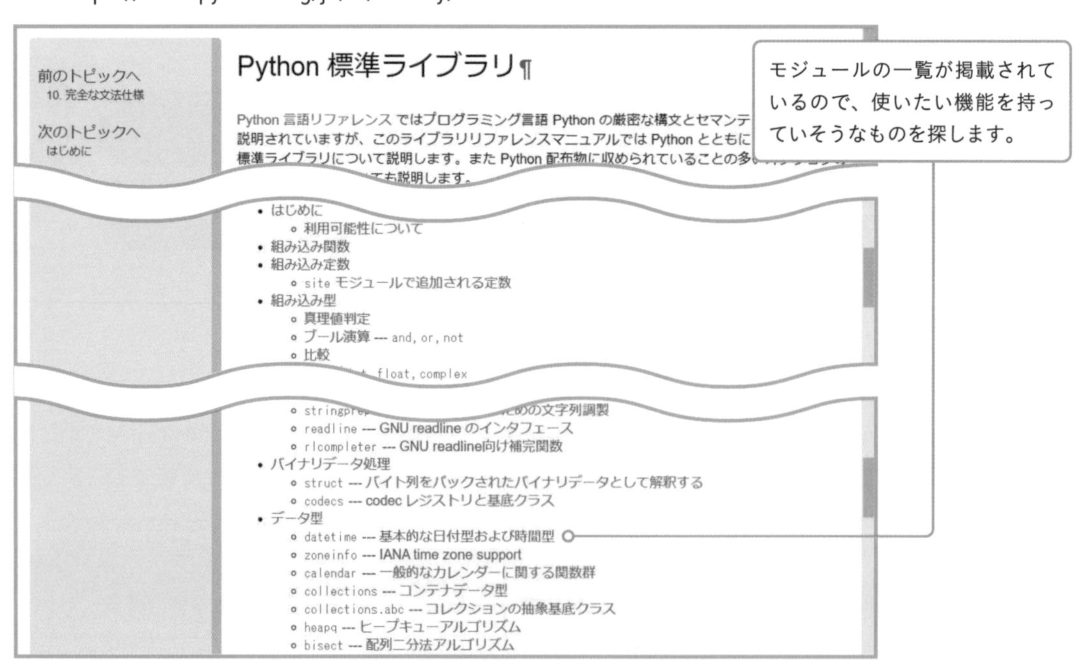

今回は「日付データ」を扱うモジュールを探してみましょう。「datetime — 基本的な日付型および時間型」が該当しそうですね。クリックして解説を読んでみましょう。

目次

datetime --- 基本的な日付型および時間型
- Aware オブジェクトと Naive オブジェクト
- 定数
- 利用可能なデータ型
  - 共通の特徴
  - オブジェクトが Aware なのか Naive なのかの判断
- timedelta オブジェクト
  - 使用例: timedelta
- date オブジェクト
  - 使用例: date

datetime --- 基本的な日付型および時間型

ソースコード: Lib/datetime.py

datetime モジュールは、日付や時刻を操作するためのクラスを提供しています。

日付や時刻に対する算術がサポートされている一方、実装では出力のフォーマットや操作のための効率的な属性の抽出に重点を置いています。

参考:

calendar **モジュール**

「メソッドの使い方さえわかればいい」という気持ちで読む

このドキュメントは、開発者に向けて正確に情報を伝えるために書かれています。本書を読んだレベルでは太刀打ちできない用語もたくさん出てきます。難しいところは読み飛ばして、**モジュールに含まれる関数やメソッドの使い方さえわかればいい**と割り切って読みましょう。

datetimeモジュールのドキュメントをスクロールしていくと「利用可能なデータ型」という解説に突き当たります（モジュールによっては型を追加しないものもあります）。メソッドは特定の「型」と組み合わせて使うので、目的のデータを記録できる型を探します。「日付データ」を扱うのは「date型」のようですね。

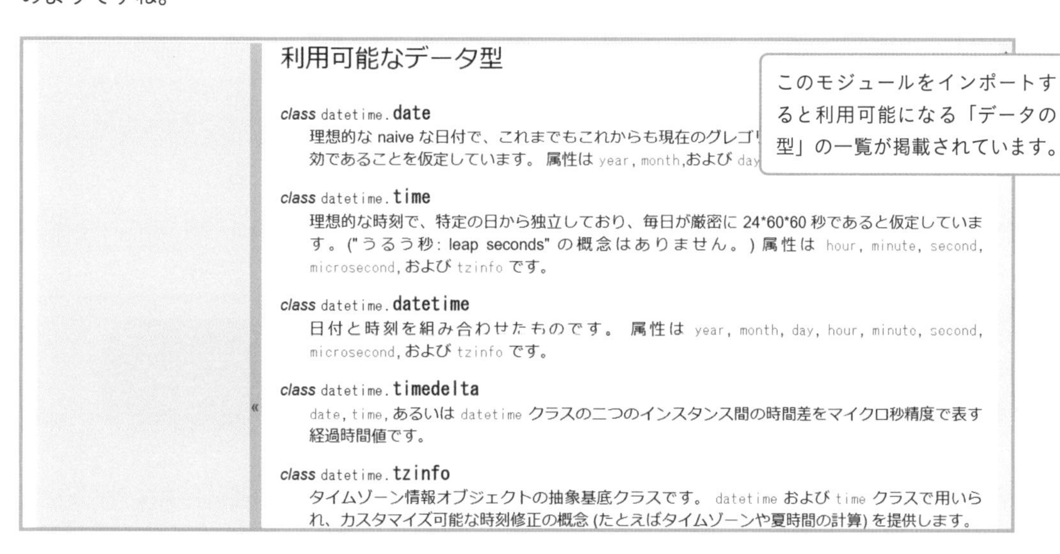
利用可能なデータ型

class datetime.**date**
理想的な naive な日付で、これまでもこれからも現在のグレゴリ… 効であることを仮定しています。 属性は year, month,および day…

class datetime.**time**
理想的な時刻で、特定の日から独立しており、毎日が厳密に 24*60*60 秒であると仮定しています。("うるう秒: leap seconds" の概念はありません。) 属性は hour, minute, second, microsecond, および tzinfo です。

class datetime.**datetime**
日付と時刻を組み合わせたものです。 属性は year, month, day, hour, minute, second, microsecond, および tzinfo です。

class datetime.**timedelta**
date, time, あるいは datetime クラスの二つのインスタンス間の時間差をマイクロ秒精度で表す経過時間値です。

class datetime.**tzinfo**
タイムゾーン情報オブジェクトの抽象基底クラスです。 datetime および time クラスで用いられ、カスタマイズ可能な時刻修正の概念 (たとえばタイムゾーンや夏時間の計算) を提供します。

さらにスクロールしていくと、「dateオブジェクト」という解説が出てきます。ここにdate型の使い方が書かれています。

date オブジェクト

date オブジェクトは、両方向に無期限に拡張された現在のグレゴリオ暦という理想化された暦の日付 (年月日) を表します。

1 年 1 月 1 日は日番号 1、1 年 1 月 2 日は日番号 2 と呼ばれ、他も同様です。 [2]

class datetime.**date**(*year*, *month*, *day*)

全ての引数が必須です。 引数は整数で、次の範囲に収まっていなければなりません:

- `MINYEAR <= year <= MAXYEAR`
- `1 <= month <= 12`
- `1 <= day <= 指定された月と年における日数`

範囲を超えた引数を与えた場合、 ValueError が送出されます。

他のコンストラクタ、および全てのクラスメソッドを以下に示します:

classmethod date.**today**()

現在のローカルな日付を返します。

`date.fromtimestamp(time.time())` と等価です。

classmethod date.**fromtimestamp**(*timestamp*)

メソッドを使うためには「オブジェクトを作る方法」も必要

Pythonのドキュメントを見ていると「オブジェクト」という言葉がよく出てきます。簡単にいうと、オブジェクトとはデータと関連するメソッドをまとめたものの呼び名です。例えば、文字列のデータとreplaceメソッドやformatメソッドはまとめてstrオブジェクトと呼びます。

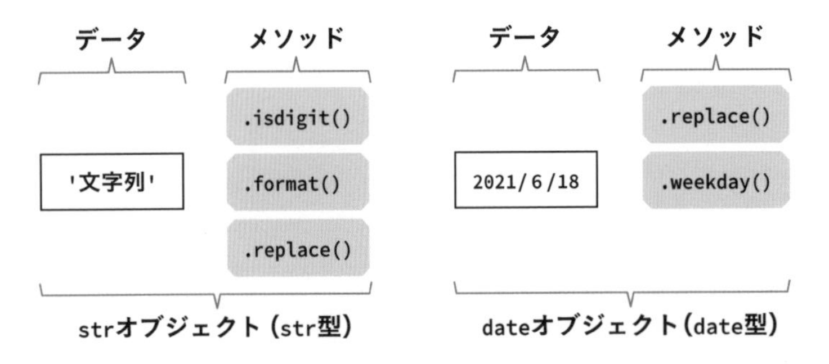

Pythonはすべてのデータがオブジェクトなので、「データ＝オブジェクト」と考えていいよ

1つだけ知っておいてほしいのは、メソッドを利用する前に、それが所属するオブジェクトを作らなければいけないという点です。文字列であれば、クォートで囲んだ文字列を書くとそれがstrオブジェクトになるので、そのメソッドを呼び出します。

dateオブジェクトの場合は、date関数やtoday関数を使って作成します。dateオブジェクトの解説冒頭にある「class」や「classmethod」と書かれている部分にその説明があります。

オブジェクト、わかったようなわからないような……？

データと機能をまとめてオブジェクトとして管理するのは今の主流の考え方なんだ。とにかく「オブジェクトを作る→メソッドを使う」って流れは覚えておこう

dateオブジェクトの解説をさらにスクロールしていくと、ようやくメソッドの説明が出てきます。ここでメソッドの名前や引数を調べましょう。

インスタンスメソッド:

date.**replace**(*year=self.year, month=self.month, day=self.day*)

キーワード引数で指定されたパラメータが置き換えられることを除き、同じ値を持つ date オブジェクトを返します。

以下はプログラム例です:

```
>>> from datetime import date
>>> d = date(2002, 12, 31)
>>> d.replace(day=26)
datetime.date(2002, 12, 26)
```

date.**timetuple**()

time.localtime() が返すような time.struct_time を返します。

時分秒が 0 で、 DST フラグが -1 です。

d.timetuple() は次の式と等価です:

```
time.struct_time((d.year, d.month, d.day, 0, 0, 0, d.weekday(), yday, -1))
```

ドキュメントを読むために知っておきたい用語

ドキュメントでよく出てくるキーワードをいくつか簡単に解説しておきます。

用語	解説
クラス	オブジェクトの設計図に当たるものでclass文で定義する
コンストラクタ	オブジェクトを作るための特殊な関数（メソッド）
インスタンス	クラスからコンストラクタを使って生成したオブジェクト
インスタンスメソッド	オブジェクトを作らないと使えないメソッド。これまで紹介してきたメソッドはすべてインスタンスメソッド
クラスメソッド	オブジェクトを作らなくても使えるメソッド。オブジェクトを生成するものもある
属性	モジュールに定義されている関数や変数をまとめて属性という。メソッドも属性の一種

NO 03

スケジュール表のための日付一覧を作る

まずはわかりやすいところで、datetimeモジュールを使って日付の一覧を作ってみようか

スケジュール表を作るときとかに役立ちそうですね

dateオブジェクトとtimedeltaオブジェクト

datetimeモジュールには日付・時刻関連のさまざまなオブジェクトが用意されており、今回はdateオブジェクトとtimedeltaオブジェクトを使います。

dateオブジェクトは日付データを記憶します。date関数（コンストラクタ）に年、月、日の数値を指定してオブジェクトを作成します。

入れろ　date作成

```
変数 = date(年, 月, 日)
```

読み下し

年と月と日を指定してdateオブジェクトを作成し、変数に入れろ

timedeltaオブジェクトは経過日数や経過時間を表します。dateオブジェクトに足したり引いたりして、日付の計算をするために使います。timedeltaオブジェクトを作るためのtimedelta関数（コンストラクタ）の引数daysと引数secondsは、どちらか必要なほうだけを書けば大丈夫です。

timedelta作成　引数daysに日数　引数secondsに秒数

```
timedelta(days=日数, seconds=秒数)
```

読み下し

引数daysに日数と引数secondsに秒数を指定してtimedeltaオブジェクトを作成しろ

2週間分の日付の一覧を作る

開始日から2週間分の日付を表示するプログラムを書いてみましょう。「2週間分」のように複数のデータを作る場合、for文を使うことはすぐ思いつきます。ただし、dateオブジェクトだけで2週間分の日付を作ろうとするとうまくいきません。その月の最終日を越えた日付、例えば33日などを渡すと、バリューエラーが発生してしまうからです。そこで、開始日のdateオブジェクトを作り、そこに経過日数のtimedeltaオブジェクトを加えて目的の日付を作ります。

■chap5_3_1.py

```
from datetime import date, timedelta
start = date(2021, 6, 18)
for day in range(14):
    curdate = start + timedelta(days=day)
    print(curdate)
```

1: から datetimeモジュール 取り込め dateオブジェクト timedeltaオブジェクト
2: 変数start 入れろ date作成 数値2021 数値6 数値18
3: ……の間 変数day 内 範囲 数値14 以下を繰り返せ
4: 4字下げ 変数curdate 入れろ 変数start ❷足す timedelta作成 ❶引数daysに変数day
5: 4字下げ 表示しろ 変数curdate

最初のimport文の書き方がChapter 4で説明したものと少し違います。「from モジュール import オブジェクト」という書き方をした場合、モジュールの中から必要なオブジェクトだけをインポートできます。しかも、利用するときに「モジュール名.」を省略できます。

2行目の開始日の作成と、3行目の14回繰り返すfor文の部分は、読み下し文のとおりです。

このプログラムのポイントは、変数startに入れた開始日とtimedelta関数で作ったオブジェクトを足している4行目の式です。+演算子は、左側がdateオブジェクト、右側がtimedeltaオブジェクトだった場合、経過日数を足したdateオブジェクトを返します。あとはそれをprint関数で表示するだけです。

読み下し文

1. datetimeモジュールからdateオブジェクトとtimedeltaオブジェクトを取り込め
2. 数値2021と数値6と数値18を指定してdateオブジェクトを作成し、変数startに入れろ
3. 0〜数値14直前の範囲内の整数を変数dayに順次入れる間、以下を繰り返せ
4. 　引数daysに変数dayを指定してtimedeltaオブジェクトを作成し、それを変数startに足した結果を変数curdateに入れろ
5. 　変数curdateを表示しろ

```
>>>
=========== RESTART: C:¥Users¥ohtsu¥Documents¥furipyBig¥chap5_3_1.py ===========
2021-06-18
2021-06-19
2021-06-20
2021-06-21
2021-06-22
2021-06-23
2021-06-24
2021-06-25
2021-06-26
2021-06-27
2021-06-28
2021-06-29
2021-06-30
2021-07-01
>>>
```

日付一覧に曜日も表示する

スケジュール表なら曜日もほしいですよね。休日がわからないと予定を立てにくいので

曜日を調べたいときは、dateオブジェクトのweekdayメソッドを使えばいいよ

dateオブジェクトには曜日を調べるweekdayメソッドがあります。weekdayメソッドは月曜日を0、日曜日を6にする数値を返します。これを「月」「日」などの文字列で表示したい場合はひと工夫必要です。Chapter 3ではリストを使って曜日を表示しましたが、今回は「月火水木金土日」という1つの文字列を用意し、そこから角カッコで1文字だけ抜き出します（101ページ参照）。

■chap5_3_2.py

```
# から datetimeモジュール 取り込め dateオブジェクト timedeltaオブジェクト
1 from datetime import date, timedelta
# 変数dayname 入れろ 文字列「月火水木金土日」
2 dayname = '月火水木金土日'
# 変数start 入れろ date作成 数値2021 数値6 数値18
3 start = date(2021, 6, 18)
# ……の間 変数day 内 範囲 数値14 以下を繰り返せ
4 for day in range(14):
# 4字下げ 変数curdate 入れろ 変数start ❷足す timedelta作成 ❶引数daysに変数day
5     curdate = start + timedelta(days=day)
# 4字下げ 変数wd 入れろ 変数curdate 曜日を調べろ
6     wd = curdate.weekday()
# 4字下げ 表示しろ 変数curdate 変数dayname 変数wd
7     print(curdate, dayname[wd])
```

読み下し文

1 datetimeモジュールからdateオブジェクトとtimedeltaオブジェクトを取り込め

2 文字列「月火水木金土日」を変数daynameに入れろ

3 数値2021と数値6と数値18を指定してdateオブジェクトを作成し、変数startに入れろ

4 0〜数値14直前の範囲内の整数を変数dayに順次入れる間、以下を繰り返せ

5 　引数daysに変数dayを指定してtimedeltaオブジェクトを作成し、それを変数startに足した結果を変数curdateに入れろ

6 　変数curdateの曜日を調べて変数wdに入れろ

7 　変数curdateと変数daynameの要素wdを表示しろ

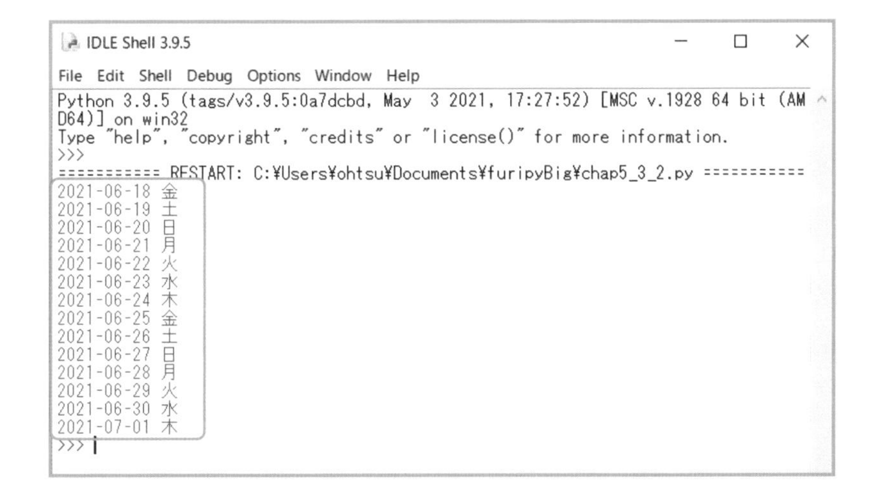

+演算子って数値を足し算したり、文字列を連結したり、日付と日数を足したり、多芸多才ですね

そう、+に限らないけど演算子の働きは前後にある値の型（オブジェクト）で変わるんだ。dateオブジェクト同士の引き算で、経過日数のtimedeltaオブジェクトを求めることもできるんだよ

なーるほど。終了日から開始日を引けば、経過日数を求められるんですね。それも役に立ちそう

NO 04

テキストファイルを読み込んで加工する

うちのWebページ用に毎月、某先生からいただいている原稿あるじゃないですか。あれ、句読点が論文風の「,.」なんですけど、いつも手で「、。」に直してるんですよ

それはPythonの出番だね！　自動処理しちゃおう

テキストファイルを読み込むには

テキストファイルを読み込む方法はいくつかあるのですが、今回はpathlibモジュールのPathオブジェクト（先頭は大文字なので注意してください）を利用します。このオブジェクトはファイルパス（ファイルやフォルダの位置を表す文字列）を記憶したもので、Pathオブジェクトのメソッドを利用してファイル一覧の取得や、フォルダの追加・削除などの操作を行うことができます。

Pathオブジェクトは Path関数（コンストラクタ）で作成します。引数は対象のファイルやフォルダを表す文字列です。引数を省略すると、現在のフォルダが対象になります。

入れろ　Path作成　文字列「sample.txt」

```
変数 = Path('sample.txt')
```

読み下し　文字列「sample.txt」を指定してPathオブジェクトを作成し、変数に入れろ

対象のテキストファイルを表すPathオブジェクトを作成したら、read_textメソッドを利用して読み込みます。戻り値は読み込んだテキストです。

変数　入れろ　変数rfile　テキストを読み込め　引数encodingに文字列「utf-8」

```
変数 = rfile.read_text(encoding='utf-8')
```

Pathオブジェクトを入れた変数

読み下し　引数encodingに文字列「utf-8」を指定し、変数rfileから読み込んだテキストを変数に入れろ

引数encodingには文字コードを表す文字列を指定します。文字コードは文字列の記録方式で、「utf-8」「utf-16」「shift-jis」などの種類があります。例えば、Windowsに付属する「メモ帳」の場合、保存

時に文字コードを選択できます。[UTF-8] の他、「shift-jis」を意味する [ANSI]、「utf-16」などが用意されています。

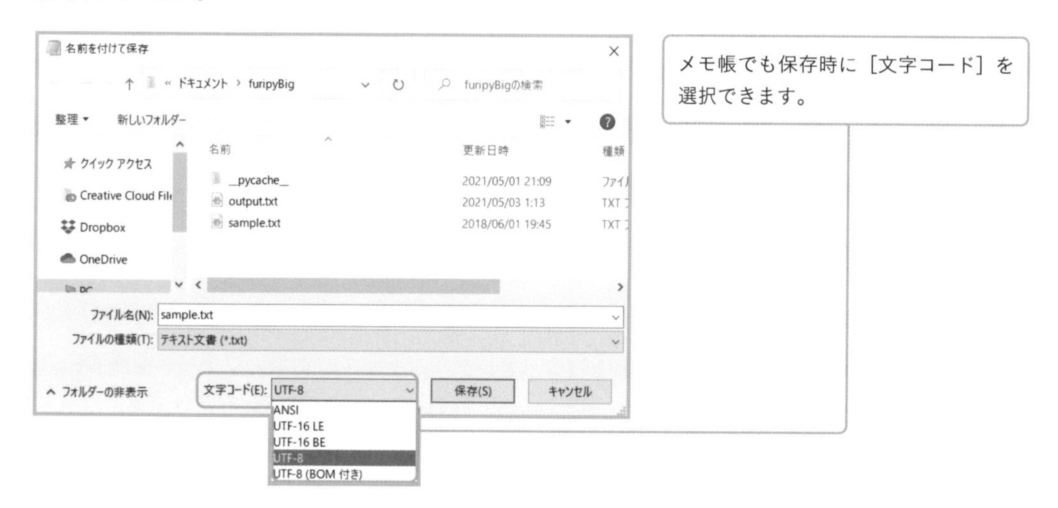

引数encodingに指定した文字コードと、実際のファイルの文字コードが一致しない場合、「UnicodeDecodeError（ユニコードデコードエラー）」が発生します。その場合は引数encodingの指定を「'utf-8'」や「'shift_jis'」などに変更して試してみてください。

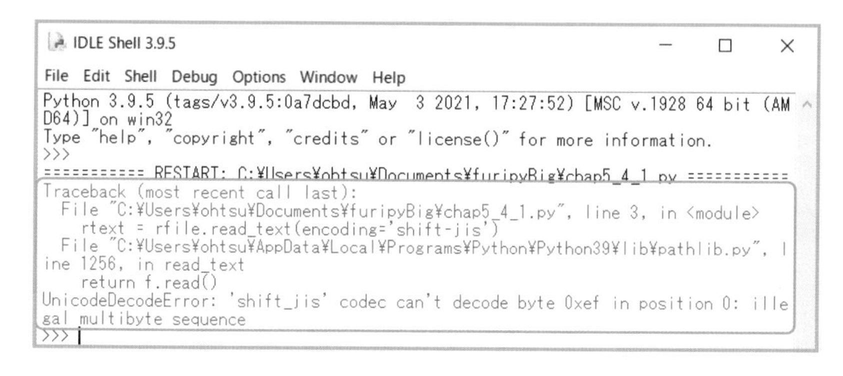

テキストファイルを読み込んで内容を確認する

いきなり本番の原稿データを使うのも怖いので、テスト用のサンプルを用意しよう

まずテキストファイルを読み込んで表示するプログラムを作ってみましょう。

プログラムを書く前に、「sample.txt」というファイル名のテキストファイルを用意して、プログラムと同じフォルダ（furipyBigフォルダ）に保存してください。本書のサンプルファイルにも「sample.txt」を入れていますが、文字コードがutf-8で句読点を含む文章なら何でもかまいません。

■chap5_4_1.py

```
   から　pathlibモジュール　取り込め　Pathオブジェクト
1  from␣pathlib␣import␣Path
   変数rfile　入れろ　Path作成　文字列「sample.txt」
2  rfile = Path('sample.txt')
   変数rtext　入れろ　変数rfile　テキストを読み込め　引数encodingに文字列「utf-8」
3  rtext = rfile.read_text(encoding='utf-8')
   表示しろ　変数rtext
4  print(rtext)
```

pathlibモジュールからPathオブジェクトをインポートします。そして、対象のファイルを表すPathオブジェクトを作成して変数rfileに入れます。あとはread_textメソッドで読み込むだけです。ファイル内のテキストが返されるので、変数rtextに入れておき、結果確認のために表示しましょう。

読み下し文

1 pathlibモジュールからPathオブジェクトを取り込め

2 文字列「sample.txt」を指定してPathオブジェクトを作成し、変数rfileに入れろ

3 引数encodingに文字列「utf-8」を指定し、変数rfileから読み込んだテキストを変数rtextに入れろ

4 変数rtextを表示しろ

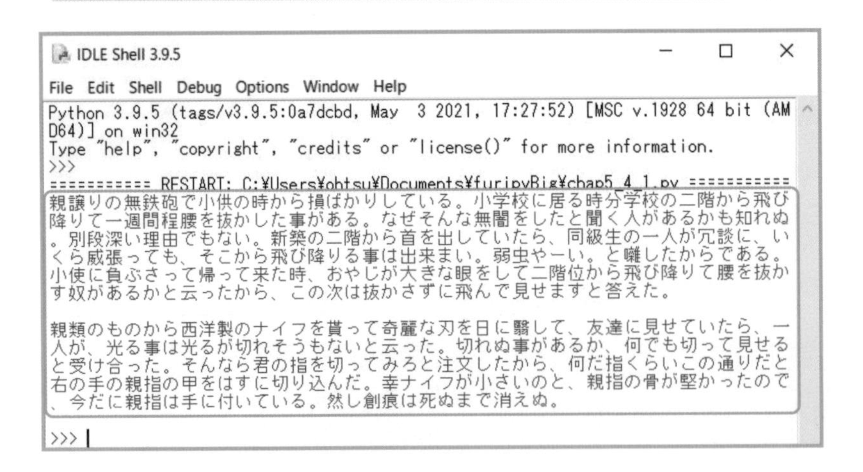

読み込んだ文字列を置換する

読み込んでしまえばただの文字列なので、文字列用のメソッドで加工できます。ここではreplaceメソッドで「。」を「～♪」に置換してみます。

■chap5_4_2.py

```
from pathlib import Path
rfile = Path('sample.txt')
rtext = rfile.read_text(encoding='utf-8')
wtext = rtext.replace('。', '〜♪')
print(wtext)
```

（注釈：1 から／pathlibモジュール／取り込め／Pathオブジェクト　2 変数rfile／入れろ／Path作成／文字列「sample.txt」　3 変数rtext／入れろ／変数rfile／テキストを読み込め／引数encodingに文字列「utf-8」　4 変数wtext／入れろ／変数rtext／置換しろ／文字列「。」／文字列「〜♪」　5 表示しろ／変数wtext）

読み下し文

1. pathlibモジュールからPathオブジェクトを取り込め
2. 文字列「sample.txt」を指定してPathオブジェクトを作成し、変数rfileに入れろ
3. 引数encodingに文字列「utf-8」を指定し、変数rfileから読み込んだテキストを変数rtextに入れろ
4. 変数rtextの文字列「。」を文字列「〜♪」に置換した結果を変数wtextに入れろ
5. 変数wtextを表示しろ

```
=========== RESTART: C:¥Users¥ohtsu¥Documents¥furipyBig¥chap5_4_2.py ===========
親譲りの無鉄砲で小供の時から損ばかりしている〜♪小学校に居る時分学校の二階から飛び降りて一週間程腰を抜かした事がある〜♪なぜそんな無闇をしたと聞く人があるかも知れぬ〜♪別段深い理由でもない〜♪新築の二階から首を出していたら、同級生の一人が冗談に、いくら威張っても、そこから飛び降りる事は出来まい〜♪弱虫やーい〜♪と囃したからである〜♪小使に負ぶさって帰って来た時、おやじが大きな眼をして二階位から飛び降りて腰を抜かす奴があるかと云ったから、この次は抜かさずに飛んで見せますと答えた〜♪

親類のものから西洋製のナイフを貰って奇麗な刃を日に翳して、友達に見せていたら、一人が、光る事は光るが切れそうもないと云った〜♪切れぬ事があるか、何でも切って見せると受け合った〜♪そんなら君の指を切ってみろと注文したから、何だ指くらいこの通りだと右の手の親指の甲をはすに切り込んだ〜♪幸ナイフが小さいのと、親指の骨が堅かったので、今だに親指は手に付いている〜♪然し創痕は死ぬまで消えぬ〜♪
>>> |
```

だいぶゆる〜い感じになりましたね。読点も置換したいときはどうします？

「rtext.replace('××', '○○')」の部分を増やしていけばいいんだよ

置換後の文字列を保存する

置換後の文字列をファイルに保存する文を追加しましょう。テキストをファイルに書き込むときはwrite_textメソッドを利用します。このときも保存用の文字コードを指定します。

■chap5_4_3.py

```
  から    pathlibモジュール  取り込め  Pathオブジェクト
1 from pathlib import Path
  変数rfile 入れろ Path作成  文字列「sample.txt」
2 rfile = Path('sample.txt')
  変数rtext 入れろ 変数rfile  テキストを読み込め  引数encodingに文字列「utf-8」
3 rtext = rfile.read_text(encoding='utf-8')
  変数wtext 入れろ 変数rtext  置換しろ  文字列「。」  文字列「〜♪」
4 wtext = rtext.replace('。', '〜♪')
  表示しろ 変数wtext
5 print(wtext)
  変数wfile 入れろ Path作成  文字列「output.txt」
6 wfile = Path('output.txt')
  変数wfile  テキストを書き込め  変数wtext  引数encodingに文字列「utf-8」
7 wfile.write_text(wtext, encoding='utf-8')
```

読み下し文

1. pathlibモジュールからPathオブジェクトを取り込め
2. 文字列「sample.txt」を指定してPathオブジェクトを作成し、変数rfileに入れろ
3. 引数encodingに文字列「utf-8」を指定し、変数rfileから読み込んだテキストを変数rtextに入れろ
4. 変数rtextの文字列「。」を文字列「〜♪」に置換した結果を変数wtextに入れろ
5. 変数wtextを表示しろ
6. 文字列「output.txt」を指定してPathオブジェクトを作成し、変数wfileに入れろ
7. 変数wtextと引数encodingに文字列「utf-8」を指定し、変数wfileにテキストを書き込め

シェルウィンドウに結果が表示されるところまでは先ほどと同じですが、プログラムのファイルを保存したフォルダを開いてください。「output.txt」という名前のファイルが作成されているはずです。

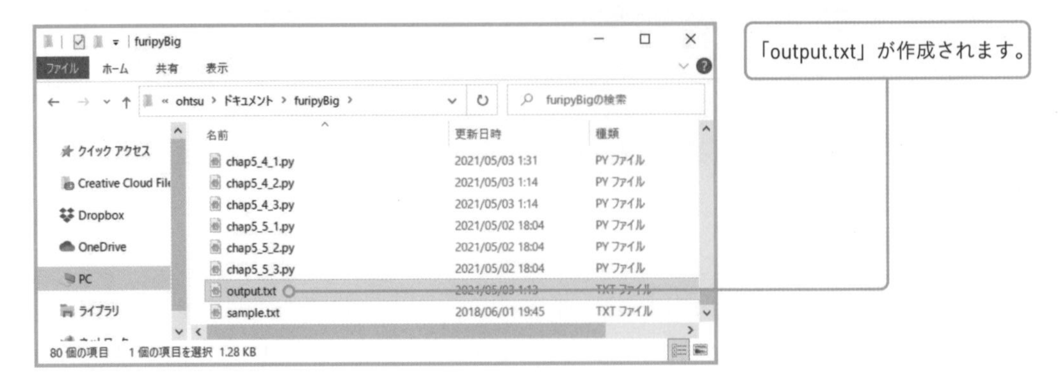

NO 05

特定の文字列の出現数を調べてみよう

最後にフォルダ内のpyファイルを調べて、単語の出現数を調べるプログラムを作ってみよう

それって何の役に立つんですか？

それだけだと役には立たないかもね。でも、出現頻度を調べるのはPythonが得意とする「データ分析」の入り口だ。いろいろ応用が利くはずだよ

globメソッドとワイルドカード

ここまでにいくつものプログラムを作成してきました。その中で一番多く入力したキーワードは何だと思いますか？ for？ if？ それをプログラムで分析してみましょう。今回作成するプログラムでは次の機能が必要になります。

- **フォルダ内のファイル一覧を取得する機能**
- **Pythonのプログラムファイル（ファイル名.py）を読み込む機能**
- **特定の文字列の出現数を調べる機能**

Pathオブジェクトが表すフォルダ内のファイル一覧を取得するには、glob（グロブ）メソッドを利用します。このメソッドはパターンに一致するファイル名の一覧を返します。range関数と同じようにファイル名を順次返す仕組みになっているので、for文と組み合わせて使います。

Pathオブジェクトを入れた変数

……の間　内　ファイル取得　文字列「*.*」　以下を繰り返せ

```
for␣変数1␣in␣変数2.glob('*.*'):
␣␣␣␣繰り返したい処理
```

読み下し

文字列「*.*」を指定して変数2内のファイルを取得し、変数1に順次入れる間、以下を繰り返せ
　繰り返したい処理

「glob」はもともとUNIXで使われていたファイル一覧取得用のプログラムの名前で、global

commandを略したものです。直訳すると意味が通らないので、ここでは「ファイル取得」とふりがなを振ります。

globメソッドの引数には、取得するファイル名のパターンを指定します。「*」をワイルドカードと呼び、すべての文字にマッチするという意味があります。ですから、フォルダ内のすべてのファイルを取得したい場合は「*.*」と指定し、aで始まるすべてのファイルなら「a*.*」、拡張子が「.py」のすべてのファイルなら「*.py」と指定します。

フォルダ内のファイル一覧を取得する

まずはPathオブジェクトとglobメソッドの使い方を覚えるために、フォルダ内のファイル一覧を取得するプログラムを作ってみましょう。調査するフォルダはプログラムが保存されている場所(furipyBigフォルダ)でいいので、Path関数の引数は省略します。Pythonのプログラムファイルだけを表示したいので、globメソッドに渡す引数は「*.py」とします。

■chap5_5_1.py

```
1  from pathlib import Path
   (から / pathlibモジュール / 取り込め / Pathオブジェクト)
2  current = Path()
   (変数current / 入れろ / Path作成)
3  for rfile in current.glob('*.py'):
   (……の間 / 変数rfile / 内 / 変数current / ファイル取得 / 文字列「*.py」 / 以下を繰り返せ)
4      print(rfile)
   (4字下げ / 表示しろ / 変数rfile)
```

読み下し文

1 pathlibモジュールからPathオブジェクトを取り込め
2 Pathオブジェクトを作成し、変数currentに入れろ
3 文字列「*.py」を指定して変数current内のファイルを取得し、変数rfileに順次入れる間、以下を繰り返せ
4 　変数rfileを表示しろ

```
=========== RESTART: C:¥Users¥ohtsu¥Documents¥furipyBig¥chap5_5_1.py ===========
chap1_10_1.py
chap1_10_2.py
chap1_11_1.py
chap1_11_2.py
chap1_11_3.py
chap1_12_2.py
chap1_4_1.py
chap1_5_1.py
chap1_5_2.py
chap1_5_3.py
chap1_5_4.py
chap1_5_5.py
```

「for」の出現回数を調べる

プログラムファイルの一覧が取得できたので、ファイルを読み込んで文字列の出現回数を調べてみましょう。Pythonのプログラムファイルはただのテキストファイルなので、read_textメソッドで読み込むことができます。文字列の出現数はcountメソッドで簡単に調べられます。

■chap5_5_2.py

```
1  from pathlib import Path
2  current = Path()
3  for rfile in current.glob('*.py'):
4      text = rfile.read_text(encoding='utf-8')
5      cnt = text.count('for')
6      print(rfile, cnt)
```

for文のブロック内にファイルを開いて読み込む文を追加していきます。read_textメソッドの使い方はChapter5-4で説明したとおりです。4行目で読み込んだ文字列に対し、countメソッドで出現数を調べています。今回は「for」の出現数を調べたいので、countメソッドの引数に文字列「for」を指定します。

読み下し文

1 pathlibモジュールからPathオブジェクトを取り込め
2 Pathオブジェクトを作成し、変数currentに入れろ
3 文字列「*.py」を指定して変数current内のファイルを取得し、変数rfileに順次入れる間、以下を繰り返せ
4 　引数encodingに文字列「utf-8」を指定し、変数rfileから読み込んだテキストを変数textに入れろ
5 　変数textの中の文字列「for」を数えて、その結果を変数cntに入れろ
6 　変数rfileと変数cntを表示しろ

プログラムを実行すると、ファイル名のあとに「for」の出現数が表示されます。

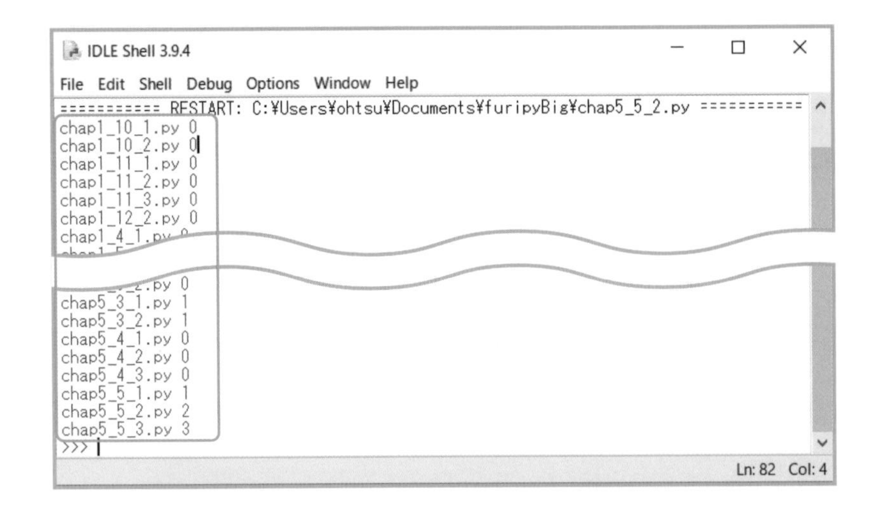

countメソッドの引数を変えれば他のキーワードの出現数も調べられますね

でも、プログラムを何回も実行するのは面倒だから、一度に複数のキーワードの出現数を調べられるようにしよう

複数のキーワードの出現数の合計を求められるようにする

複数のキーワードの出現数を調べるには、調査したいキーワードを記録するものと、出現数を記録するものが必要です。今回は辞書を使うことにしました。辞書は「キー:値」の組み合わせで記録するので、**キーワードの文字列をキーとし、出現数を値にすればまとめて記録できます。**

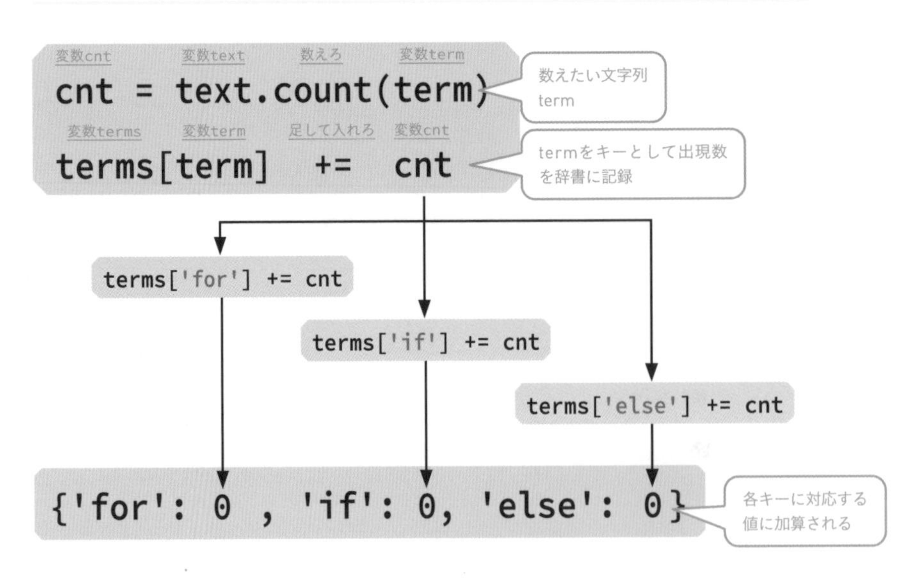

■chap5_5_3.py

```
from pathlib import Path
terms = {'for': 0, 'if': 0, 'else': 0}
current = Path()
for rfile in current.glob('*.py'):
    text = rfile.read_text(encoding='utf-8')
    for term in terms:
        cnt = text.count(term)
        terms[term] += cnt
print(terms)
```

数えたいキーワードと0をセットにした辞書を作成し、それを変数termsに入れておきます。6行目で変数termsからfor文でキーの「for、if、else」を順番に取り出します。countメソッドで各キーワードの出現数を調べ、辞書の値に足していきます。

読み下し文

1 pathlibモジュールからPathオブジェクトを取り込め
2 辞書{キー「for」と数値0, キー「if」と数値0, キー「else」と数値0}を変数termsに入れろ
3 Pathオブジェクトを作成し、変数currentに入れろ
4 文字列「*.py」を指定して変数current内のファイルを取得し、変数rfileに順次入れる間、以下を繰り返せ
5 引数encodingに文字列「utf-8」を指定し、変数rfileから読み込んだテキストを変数textに入れろ
6 変数terms内のキーを変数termに順次入れる間、以下を繰り返せ
7 変数textの中の変数termを数えて、その結果を変数cntに入れろ
8 変数termsのキーtermに変数cntを足して入れろ
9 変数termsを表示しろ

プログラムを実行すると、3つのキーワードの出現数が表示されます。9行目のprint関数はインデントしていないので、繰り返しのブロックに入っていません。つまり、繰り返しが終わったあとで実行されるので結果は1行だけです。

```
IDLE Shell 3.9.5
File Edit Shell Debug Options Window Help
Python 3.9.5 (tags/v3.9.5:0a7dcbd, May  3 2021, 17:27:52) [MSC v.1928 64 bit (AMD64)] on win32
Type "help", "copyright", "credits" or "license()" for more information.
>>>
=========== RESTART: C:¥Users¥ohtsu¥Documents¥furipyBig¥chap5_5_3.py ===========
{'for': 28, 'if': 28, 'else': 7}
>>>
```

辞書の値に出現数を足すところが、ちょっと難しい感じですね

変数termsに入れた辞書の形が、うまくイメージできるかがポイントだね

うーん、なるほど。がんばってイメージしてみます

2行目の辞書にキーを追加すれば、いろいろなキーワードを調べられるよ

これならPythonのプログラムを調べる以外の目的でも使えそうですね

さまざまな文字列メソッド

Chapter 5では、文字列（str型）のメソッドをいくつか使用しましたが、他にもいろいろなメソッドがあります。文字列の処理はあらゆる状況で必要となります。中でも、区切り文字のところで文字列を分割するsplitメソッド、行ごとに分割するsplitlinesメソッド、リストの文字列を連結するjoinメソッドあたりは非常によく使います。

文字列メソッド

文字列は 共通の シーケンス演算全てに加え、以下に述べるメソッドを実装します。

文字列は、二形式の文字列書式化をサポートします。一方は柔軟さが高くカスタマイズできます (str.format()、 書式指定文字列の文法 、および カスタムの文字列書式化 を参照してください)。他方は C 言語の printf 形式の書式化に基づいてより狭い範囲と型を扱うもので、正しく扱うのは少し難しいですが、扱える場合ではたいていこちらのほうが高速です (printf 形式の文字列書式化)。

標準ライブラリの テキスト処理サービス 節は、その他テキストに関する様々なユーティリティ (re モジュールによる正規表現サポートなど) を提供するいくつかのモジュールをカバーしています。

str.**capitalize()**¶

最初の文字を大文字にし、残りを小文字にした文字列のコピーを返します。

文字列メソッド
https://docs.python.org/ja/3/library/stdtypes.html#string-methods

NO 06

復習ドリル

問題1：任意の期間の日付を表示する

次のプログラムを変更し、2021年6月1日から30日分の日付を表示してください。

■chap5_3_1.py

```
from datetime import date, timedelta
start = date(2021, 6, 18)
for day in range(14):
    curdate = start + timedelta(days=day)
    print(curdate)
```

問題2：7日間おきの日付を表示する

上記のプログラムにさらに手を加え、7日間おきの日付を表示してください。結果は「2021-06-01」「2021-06-08」「2021-06-15」「2021-06-22」「2021-06-29」となります。

ヒント：range関数の開始値、終了値、ステップを指定します（109ページ参照）。

```
IDLE Shell 3.9.5
File Edit Shell Debug Options Window Help
Python 3.9.5 (tags/v3.9.5:0a7dcbd, May  3 2021, 17:27:52) [MSC v.1928 64 bit (AMD64)] on win32
Type "help", "copyright", "credits" or "license()" for more information.
>>>
=========== RESTART: C:¥Users¥ohtsu¥Documents¥furipyBig¥chap5_6_2.py ===========
2021-06-01
2021-06-08
2021-06-15
2021-06-22
2021-06-29
>>>
```

解答1

解答例は次のとおりです。

■chap5_6_1.py

```
from datetime import date, timedelta
start = date(2021, 6, 1)
for day in range(30):
    curdate = start + timedelta(days=day)
    print(curdate)
```

この問題はちょっと簡単すぎたかな？

解答2

解答例は次のとおりです。

■chap5_6_2.py

```
from datetime import date, timedelta
start = date(2021, 6, 1)
for day in range(0, 30, 7):
    curdate = start + timedelta(days=day)
    print(curdate)
```

range関数のステップなんてすっかり忘れてましたねー

Python

FURIGANA PROGRAMMING

Chapter 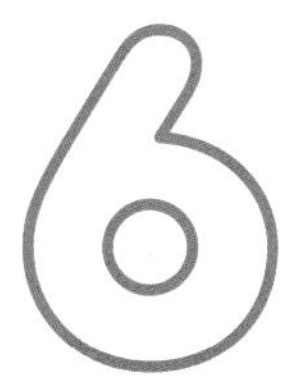

データ分析に挑戦してみよう

NO 01

データ分析とpandas

分岐とか繰り返しとか関数とかいろいろ教えてもらいましたけど、私がやりたいのはそういうことじゃないんですよねー

え？　どういうこと？

実はここに私が担当している商品の満足度アンケートデータがあります。これをPythonで分析してレポートを出したいのです

あ、そうなんだ。じゃあ、pandas（パンダス）を使ってみよう

データ分析って何をすること？

「データ分析」というと、ひたすら計算して合計や平均を求めることをイメージしがちですが、指示されるままに計算するだけでは分析したとはいえません。データ分析とは、**データを見て「何らかの答え」を導き出す**ことです。その過程で、合計や平均、バラツキや誤差の算出といった統計手法を使ったり、グラフを作ったりすることはありますが、それらはただの手段です。

売り上げは通常に比べて好調なのか不調なのか、顧客の性別で評価に差があるのか、ユーザーは商品の何を重視しているのか……。データ分析によってそれらの仮説を裏付ける証拠を見つけましょう。

対象のデータ

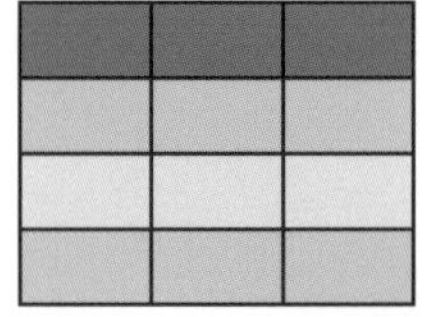

いろいろな分析手法を使ってみる

判断材料が見つかる

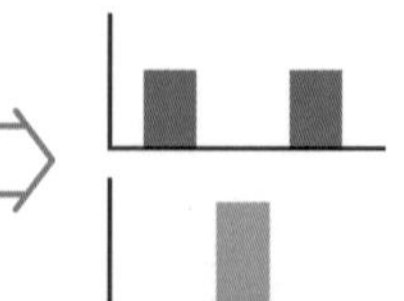

計算は苦手なんですよね〜

まぁ、計算はコンピュータがやってくれるから大丈夫でしょ。大まかな理屈と使い方を覚えながら、少しずつ理解を深めていこう

pandasは表形式のデータを処理してくれるサードパーティ製パッケージ

もう少し具体的に説明すると、うちの会社のWebサイトで集めたアンケートデータが、カンマ区切りのファイルで届くんですよ。それを分析したいんですね

あぁCSV形式だね。pandasはCSV形式の読み書きに対応しているから、すぐ分析できるよ

Pythonによる表形式データの分析では、一般的にpandasというサードパーティ製ライブラリが使われます。pandasは、CSV（Comma Separated Values）形式のファイルを読み込んで、行／列単位の編集や計算を行い、平均値などの統計量を求めることができます。また、matplotlib（マットプロットリブ）という別パッケージと連携してグラフを作成することも可能です。つまり、pandasでできることは、おおむね表計算ソフトのExcelに近いといえます。

pandasでは、1つの表（表計算ソフトのシートに相当）を表すDataFrame（データフレーム）オブジェクトと、列を表すSeries（シリーズ）オブジェクトを使用します。

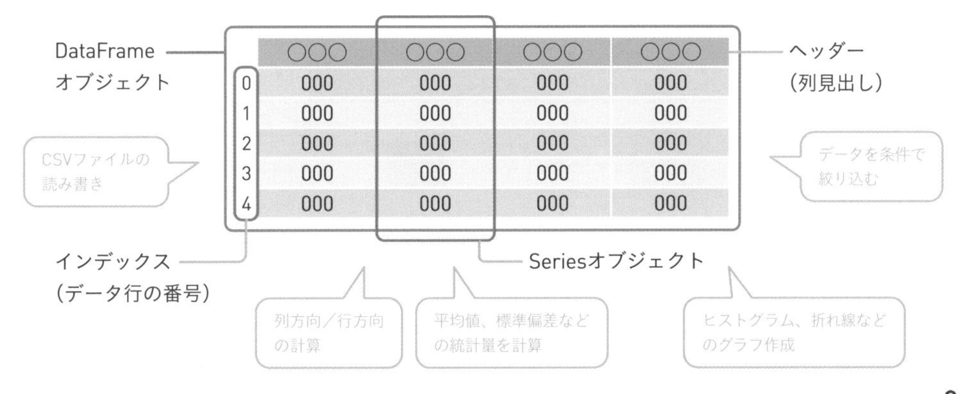

へー、Excelとpandasはどう違うんですか？

大まかに「できること」という視点でとらえたら同じだけど、運用方法が違う。ExcelだとCSVを読み込んで、データを絞り込んで、計算する……といった操作を毎回行わないといけないよね

あー、なるほど。pandasを使ったプログラムだったら、一回書いたら何度でも簡単に実行できるから、毎回同じ分析ができるわけですね

NO 02 pandasをインストールする

pandasを使うときは、インポートすればいいんですかね？

おっと、その前にインストールが必要だよ。pip（ピップ）コマンドを使うんだ

pipコマンドを実行する

pandasのようなサードパーティ製パッケージは、使用する前にインストールする必要があります。インストールにはpipコマンドを使用します。IDLEのシェルウィンドウではなくコマンドプロンプトで実行します。

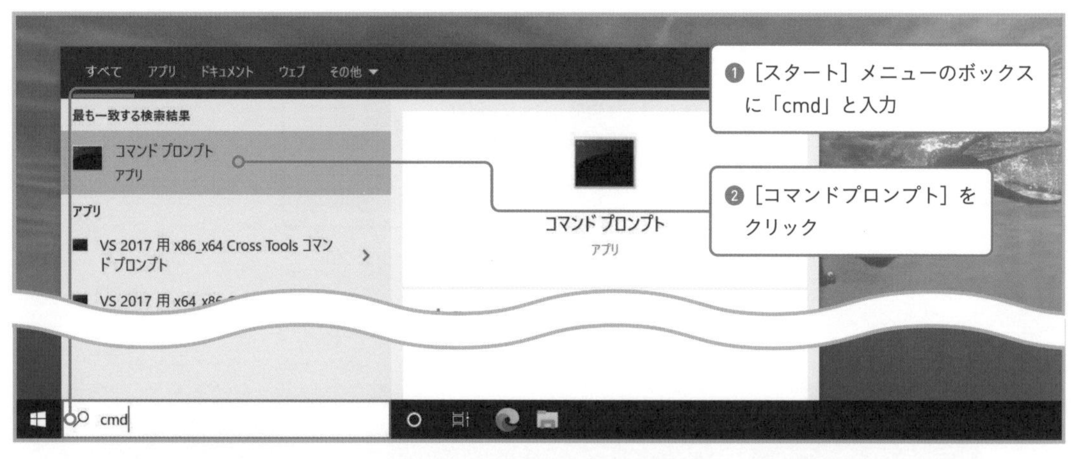


```
コマンド プロンプト
Microsoft Windows [Version 10.0.19042.928]
(c) Microsoft Corporation. All rights reserved.

C:¥Users¥ohtsu>
```

コマンドプロンプトが起動します。

コマンドプロンプトにpipコマンドを入力しましょう。今回はグラフを描画するmatplotlibも一緒に使うので、次のように入力してください。

```
pip install pandas matplotlib
```

```
  Downloading pandas-1.2.4-cp39-cp39-win_amd64.whl (9.3 MB)
     |████████████████████████████████| 9.3 MB 6.4 MB/s
Collecting matplotlib
  Downloading matplotlib-3.4.1-cp39-cp39-win_amd64.whl (7.1 MB)
     |████████████████████████████████| 7.1 MB 6.8 MB/s
Requirement already satisfied: numpy>=1.16.5 in c:¥users¥ohtsu¥
rams¥python¥python39¥lib¥site-packages (from pandas) (1.20.1)
Requirement already satisfied: pytz>=2017.3 in c:¥users¥ohtsu¥a
ams¥python¥python39¥lib¥site-packages (from pandas) (2021.1)
Requirement already satisfied: python-dateutil>=2.7.3 in c:¥users¥ohtsu¥appdata¥l
ocal¥programs¥python¥python39¥lib¥site-packages (from pandas) (2.8.1)
Requirement already satisfied: six>=1.5 in c:¥users¥ohtsu¥appdata¥local¥programs¥
python¥python39¥lib¥site-packages (from python-dateutil>=2.7.3->pandas) (1.15.0)
Requirement already satisfied: pyparsing>=2.2.1 in c:¥users¥ohtsu¥appdata¥local¥p
rograms¥python¥python39¥lib¥site-packages (from matplotlib) (2.4.7)
Requirement already satisfied: kiwisolver>=1.0.1 in c:¥users¥ohtsu¥appdata¥local¥
programs¥python¥python39¥lib¥site-packages (from matplotlib) (1.3.1)
Requirement already satisfied: cycler>=0.10 in c:¥users¥ohtsu¥appdata¥local¥progr
ams¥python¥python39¥lib¥site-packages (from matplotlib) (0.10.0)
Collecting pillow>=6.2.0
  Using cached Pillow-8.2.0-cp39-cp39-win_amd64.whl (2.2 MB)
Installing collected packages: pillow, pandas, matplotlib
Successfully installed matplotlib-3.4.1 pandas-1.2.4 pillow-8.2.0
```

ダウンロードとインストール処理が実行されます。

最後に「Successfully」と表示されたらインストール成功です。

macOSの場合はターミナルを起動して、pipをpip3に変えて実行してください。

```
Last login: Tue May 18 16:17:03 on ttys000

The default interactive shell is now zsh.
To update your account to use zsh, please run `chsh -s /bin/zsh`.
For more details, please visit https://support.apple.com/kb/HT208050.
Ohtsu-no-MacBook-Pro:~ ohtsu$ pip3 install pandas matplotlib
```

❷pip3コマンドを入力して Enter キーを押す

NO 03

CSVファイルを読み込む

まずは分析対象のデータを読み込んでみようか。どんなファイルかな？

はい、ファイル名とか変えてますけど、今月分のアンケートデータのCSVファイルがあります。Webサイトの回答フォームで集めたものです

データの構造を確認してpandasに読み込む

まずは読み込む対象のデータの構造を確認しましょう。Webページ上の回答フォームから投稿したデータが蓄積され、月に1回CSVファイルとして書き出される設定です。

回答フォーム

この商品の満足度を星0～5で回答してください。

●男性　○女性

☆☆☆☆☆　送信

まとめられたデータ

```
"id","sex","point"
1,"M",0
2,"F",4
3,"F",0
4,"F",2
5,"F",3
6,"M",5
7,"F",4
......
```

識別番号、性別、満足度がカンマ区切りで並んでいる

chap6_data.csv

1列目の「id」は機械的な連番なのであまり意味はなくて、2列目の「sex」が性別を表す文字列、3列目の「point」が満足度です

今回は直近の1カ月分のデータが「chap6_data.csv」というファイルにまとめられていると仮定し、それを読み込みます。CSVファイルはプログラムと同じ場所に保存されている前提です。

CSVファイルを読み込むには、pandasのread_csv関数を使います。第1引数にファイル名を文字列やPathオブジェクトで指定します。pathlibのread_textメソッドと同じく、引数encodingに文字コードを指定します。戻り値はDataFrameオブジェクトです。最初の状態という意味を込めてdf0という変数に入れます。

■chap6_3_1.py

```
    取り込め  pandasモジュール
1   import␣pandas
    変数df0  入れろ  pandasモジュール  CSVを読み込め
2   df0 = pandas.read_csv(
              文字列「chap6_data.csv」      引数encodingに文字列「utf-8」
3       'chap6_data.csv', encoding='utf-8')
    表示しろ  変数df0
4   print(df0)
```

読み下し文

1. pandasモジュールを取り込め
2. 文字列「chap6_data.csv」と引数encodingに文字列「utf-8」を指定してCSVを読み込み、
3. 変数df0に入れろ
4. 変数df0を表示しろ

DataFrameオブジェクトをprint関数で表示すると、表形式のデータと行数、列数（rows、columns）が表示されます。左列には0から始まるインデックスが付きます。インデックスは列数には含まれません。

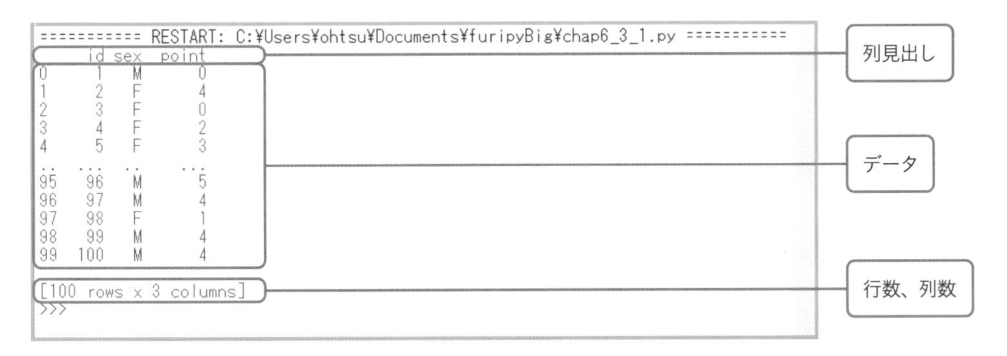

```
=========== RESTART: C:¥Users¥ohtsu¥Documents¥furipyBig¥chap6_3_1.py ===========
     id sex  point
0     1   M      0
1     2   F      4
2     3   F      0
3     4   F      2
4     5   F      3
..  ...  ..    ...
95   96   M      5
96   97   M      4
97   98   F      1
98   99   M      4
99  100   M      4

[100 rows x 3 columns]
>>>
```

あれ？　データの途中が消えちゃってますよ

うん、常に全データを表示するとそれだけで画面が埋まってしまうので、DataFrameでは、一定より多いデータは表示が省略されるんだ

まぁ、大量のデータが表示されても把握しきれないですしね

NO 04

平均値を求めてみる

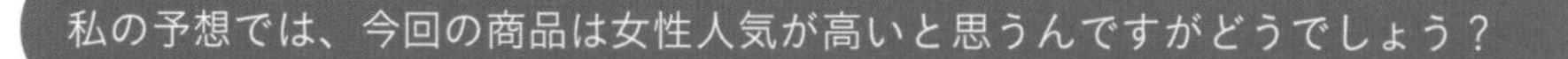

まだ何の分析もしないうちから、決めつけちゃいけないよ。ひとまず平均値を求めてみようか？

平均値いいですね。けっこう平均高いと思いますよ！

列を指定して平均を求める

データ分析の手法の1つに、代表値を求めるというものがあります。代表値とは、対象のデータ群の特徴を表す数値です。平均値、中央値（中央に位置する値）、最頻値（もっともよく出現する値）などがあります。平均値は全体の合計を個数で割ったもので、もっとも認知されている代表値です。

平均を求めるには、まずDataFrameオブジェクトのどの列を対象にするかを指定する必要があります。角カッコの中に列名の文字列を指定すると、その列を表すSeriesオブジェクトが取り出されます。

変数col_point　入れろ　変数df0　文字列「point」

```
col_point = df0['point']
```

読み下し

変数df0の「point」列を変数col_pointに入れろ

df0（DataFrameオブジェクト）　**col_point（Seriesオブジェクト）**

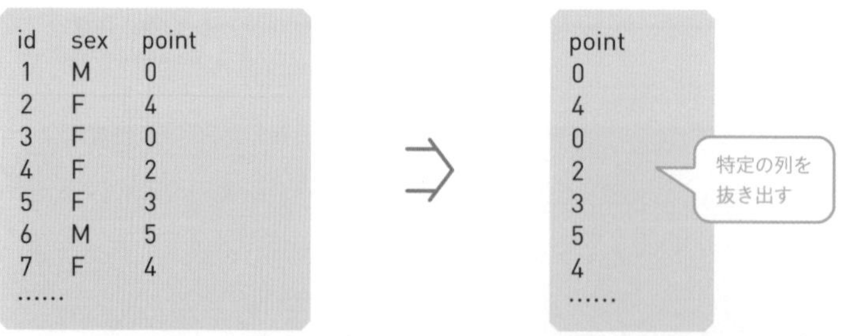

id	sex	point
1	M	0
2	F	4
3	F	0
4	F	2
5	F	3
6	M	5
7	F	4
……		

point
0
4
0
2
3
5
4
……

へー、辞書の値の取り出し方に似てますね

Seriesオブジェクトのmean（ミーン）メソッドを実行すると、列の平均値が求められます。

■chap6_4_1.py

```
取り込め pandasモジュール
1 import␣pandas
変数df0 入れろ pandasモジュール CSVを読み込め
2 df0 = pandas.read_csv(
文字列「chap6_data.csv」 引数encodingに文字列「utf-8」
3     'chap6_data.csv', encoding='utf-8')
変数col_point 入れろ 変数df0 文字列「point」
4 col_point = df0['point']
表示しろ 変数col_point 平均値を求めろ
5 print(col_point.mean())
```

読み下し文

1 pandasモジュールを取り込め
2 文字列「chap6_data.csv」と引数encodingに文字列「utf-8」を指定してCSVを読み込み、
3 変数df0に入れろ
4 変数df0の「point」列を変数col_pointに入れろ
5 変数col_pointの平均値を求めて表示しろ

```
IDLE Shell 3.9.5
File Edit Shell Debug Options Window Help
Python 3.9.5 (tags/v3.9.5:0a7dcbd, May  3 2021, 17:27:52) [MSC v.1928 64 bit (AM
D64)] on win32
Type "help", "copyright", "credits" or "license()" for more information.
>>>
=========== RESTART: C:/Users/ohtsu/Documents/furipyBig/chap6_4_1.py ===========
2.42
>>>
```

2.42。0〜5の中間が2.5だから半分よりちょっと低いってとこかな？

えっ、星4近くになると思ってたんですが……

男女別に平均を求める

女性人気が高いはずなので、男女別に平均したらまた別の結果が出てくると思うんですよ〜

現在のデータには男性と女性が混ざっています。ここから男性と女性の行を抜き出すには、loc（ロク）プロパティを使います。プロパティはメソッドの一種ですが使い方が異なり、変数のように=による代入などができます。locプロパティでは角カッコ内に絞り込み条件を書いて、それを満たす行を抜き出します。locはlocate（位置を突き止める）やlocation（所在地）に基づいているので、ここでは「『条件式』行を突き止めて」と読み下すことにします。

それでは男性と女性それぞれの平均値を求めてみましょう。

■chap6_4_2.py

```
import pandas
df0 = pandas.read_csv(
    'chap6_data.csv', encoding='utf-8')
col_sex = df0['sex']
df_m = df0.loc[col_sex == 'M']
df_f = df0.loc[col_sex == 'F']
mean_m = df_m['point'].mean()
mean_f = df_f['point'].mean()
print(f'男性平均：{mean_m}、女性平均：{mean_f}')
```

読み下し（各行）：
1. 取り込め pandasモジュール
2. 変数df0 入れろ pandasモジュール CSVを読み込め
3. 文字列「chap6_data.csv」 引数encodingに文字列「utf-8」
4. 変数col_sex 入れろ 変数df0 文字列「sex」
5. 変数df_m 入れろ 変数df0 突き止めろ 変数col_sex 等しい 文字列「M」
6. 変数df_f 入れろ 変数df0 突き止めろ 変数col_sex 等しい 文字列「F」
7. 変数mean_m 入れろ 変数df_m 文字列「point」 平均値を求めろ
8. 変数mean_f 入れろ 変数df_f 文字列「point」 平均値を求めろ
9. 表示しろ フォーマット済み文字列「男性平均：{mean_m}、女性平均：{mean_f}」

読み下し文

1 pandasモジュールを取り込め
2 文字列「chap6_data.csv」と引数encodingに文字列「utf-8」を指定してCSVを読み込み、
3 変数df0に入れろ
4 変数df0の「sex」列を変数col_sexに入れろ
5 変数df0から「col_sex列が文字列「M」と等しい」行を突き止めて変数df_mに入れろ
6 変数df0から「col_sex列が文字列「F」と等しい」行を突き止めて変数df_fに入れろ
7 変数df_mの「point」列の平均値を求めて変数mean_mに入れろ
8 変数df_fの「point」列の平均値を求めて変数mean_fに入れろ
9 フォーマット済み文字列「男性平均：{mean_m}、女性平均：{mean_f}」を表示しろ

```
Type "help", "copyright", "credits" or "license()" for more information.
>>>
========== RESTART: C:¥Users¥ohtsu¥Documents¥furipyBig¥chap6_4_2.py ===========
男性平均：2.7358490566037736、女性平均：2.0638297872340425
>>>
```

男性平均が2.73、女性平均が2.06だから、男性のほうが平均値が高いね

えー、予想と違って女性人気が低い！　そんなはずはないんですけど……

locプロパティに列の条件を指定する

locプロパティは行だけでなく、取り出す列を指定することもできるんだ。一緒にやってみよう

locプロパティの角カッコ内には、カンマで区切って列の条件を書くことができます。列名の文字列を書いた場合は、その列のSeriesオブジェクトが返されます。

カンマのあとに列の条件を書く

変数col_point_m　入れろ　変数df0　突き止めろ　変数col_sex　等しい　文字列「M」　文字列「point」

```
col_point_m = df0.loc[col_sex == 'M', 'point']
```

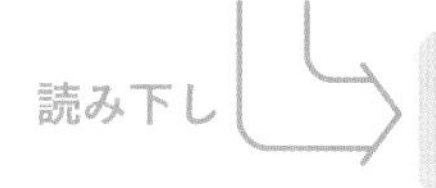

読み下し

変数df0から「col_sex列が文字列「M」と等しい」行の「point」列を突き止めて変数col_point_mに入れろ

chap6_4_2.pyを列の条件も指定する形に書き直すと次のようになります。5〜6行目でpoint列を取り出すように指定したので、7〜8行目で直接それぞれの平均値を求められます。

■chap6_4_3.py

```
1 import pandas
2 df0 = pandas.read_csv(
3     'chap6_data.csv', encoding='utf-8')
4 col_sex = df0['sex']
5 col_point_m = df0.loc[col_sex == 'M', 'point']
6 col_point_f = df0.loc[col_sex == 'F', 'point']
7 mean_m = col_point_m.mean()
8 mean_f = col_point_f.mean()
9 print(f'男性平均：{mean_m}、女性平均：{mean_f}')
```

(1: 取り込め / pandasモジュール)
(2: 変数df0 / 入れろ / pandasモジュール / CSVを読み込め)
(3: 文字列「chap6_data.csv」 / 引数encodingに文字列「utf-8」)
(4: 変数col_sex / 入れろ / 変数df0 / 文字列「sex」)
(5: 変数col_point_m / 入れろ / 変数df0 / 突き止めろ / 変数col_sex / 等しい / 文字列「M」 / 文字列「point」)
(6: 変数col_point_f / 入れろ / 変数df0 / 突き止めろ / 変数col_sex / 等しい / 文字列「F」 / 文字列「point」)
(7: 変数mean_m / 入れろ / 変数col_point_m / 平均値を求めろ)
(8: 変数mean_f / 入れろ / 変数col_point_f / 平均値を求めろ)
(9: 表示しろ / フォーマット済み文字列「男性平均：{mean_m}、女性平均：{mean_f}」)

読み下し文

1. pandasモジュールを取り込め
2. 文字列「chap6_data.csv」と引数encodingに文字列「utf-8」を指定してCSVを読み込み、
3. 変数df0に入れろ
4. 変数df0の「sex」列を変数col_sexに入れろ
5. 変数df0から「col_sex列が文字列「M」と等しい」行の「point」列を突き止めて変数col_point_mに入れろ
6. 変数df0から「col_sex列が文字列「F」と等しい」行の「point」列を突き止めて変数col_point_fに入れろ
7. 変数col_point_mの平均値を求めて変数mean_mに入れろ
8. 変数col_point_fの平均値を求めて変数mean_fに入れろ
9. フォーマット済み文字列「男性平均：{mean_m}、女性平均：{mean_f}」を表示しろ

列の指定方法を変えただけなので結果はchap6_4_2.pyと同じです。

```
IDLE Shell 3.9.5
File Edit Shell Debug Options Window Help
Python 3.9.5 (tags/v3.9.5:0a7dcbd, May  3 2021, 17:27:52) [MSC v.1928 64 bit (AMD64)] on win32
Type "help", "copyright", "credits" or "license()" for more information.
>>>
=========== RESTART: C:/Users/ohtsu/Documents/furipyBig/chap6_4_3.py ===========
男性平均：2.7358490566037736、女性平均：2.0638297872340425
>>>
```

locプロパティでは、さらにさまざまな指定方法が使えます。角カッコ内にスライス（P.102参照）やリストを書くと、複数の行や列を指定できます。

```
df0.loc[0:10]
```

数値0：数値10 ／ スライスを書くと範囲を指定できる

読み下し → 変数df0から「0～10」行を突き止めろ

```
df0.loc[:, ['id', 'point']]
```

：／ 文字列「id」 文字列「point」 ／ 隣接していない列、行を指定するときはリストにする ／ コロンのみ書くと全行を意味する

読み下し → 変数df0の全行から「『id』列と『point』列」を突き止めろ

どう？　locプロパティを使うと、必要なデータを絞り込めて便利でしょ？

もう、結果が予想外だったショックで、それどころじゃないですよ……。女性評価を全部星5にしたいぐらいです

実はlocプロパティで突き止めたデータに上書きすることもできるんだ。でもそんなことしたらデータねつ造だよね……

下図のように=で代入すると、女性のpoint列がすべて5になります。また、+=などの累算代入文（P.117参照）を使ってまとめて四則演算することも可能です。この使い方を見ると、locプロパティの書式がリストや辞書に似ていることがわかりますね。

NO 05

標準偏差などを求めてみる

どうも納得がいきません。平均値はあてにならないので、他の手法を使ってみましょうよ。ほらあの「標準偏差」とか

あぁ標準偏差ね。簡単に調べられるからさっそくやってみよう

標準偏差って何？

標準偏差は**値の散らばり具合**を表す統計量です。各値と平均値の差を求め、さらに差の平均を求めます。標準偏差が小さい場合は平均値付近に値が集中しているといえ、標準偏差が大きい場合は値がばらけているといえます。

標準偏差が小さい

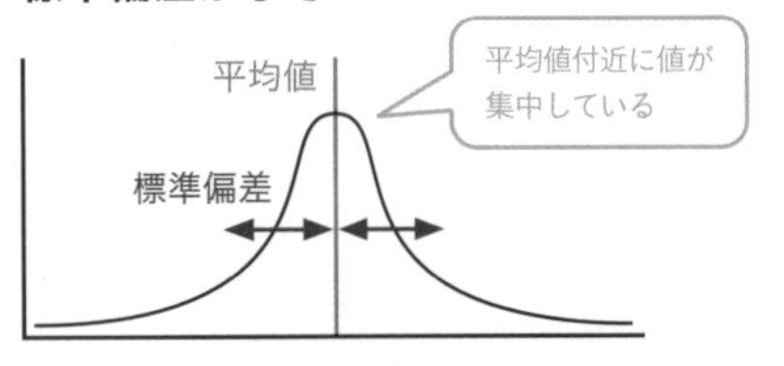

標準偏差が大きい

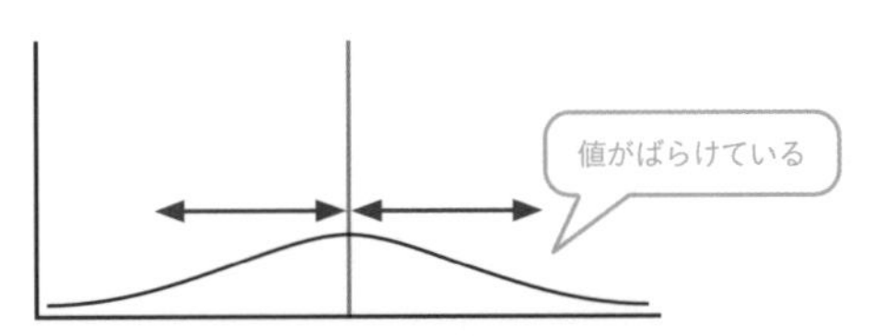

値が集中しているとか、ばらけているとか、意味がよくわかりません……

例えば平均値が星3だとして、標準偏差が小さければほとんどの人が星3に近い評価をしている。標準偏差が大きければ星1の人や星5の人もそこそこいて評価がばらけているといえるね

つまり標準偏差が大きい場合は、平均値があてにならないってことですね！

そこに食いつくね～。平均値があてにならないとまではいえないけど、散らばり具合によって解釈は変わってくるね

describeメソッドで基本統計量を求める

pandasには標準偏差を求めるstdメソッドが用意されていますが、今回は基本統計量を求めるdescribe（デスクライブ）メソッドを使ってみましょう。基本統計量とは、平均値、標準偏差、最小値、最大値といったいくつかの統計量をまとめたものです。

describeメソッドの結果

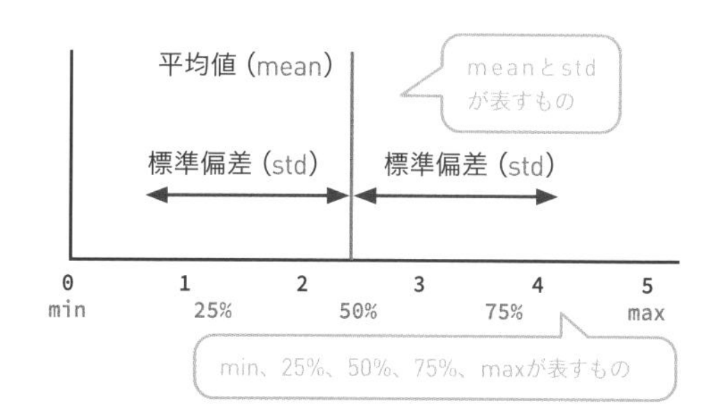

ちなみに標準偏差の求め方はいくつか種類があり、pandasで求められるのは「不偏分散の平方根」です。他の計算方法で求めた標準偏差とは結果が異なる場合があるので、注意してください。

それでは実際に求めてみましょう。男女別にpoint列を抜き出すところまでは、chap6_4_3.pyと同じです。

■chap6_5_1.py

```
1 import pandas
2 df0 = pandas.read_csv(
3     'chap6_data.csv', encoding='utf-8')
4 col_sex = df0['sex']
5 col_point_m = df0.loc[col_sex == 'M', 'point']
6 col_point_f = df0.loc[col_sex == 'F', 'point']
7 describe_m = col_point_m.describe()
8 describe_f = col_point_f.describe()
9 print('男性基本統計量')
```

```
10 print(describe_m)
11 print('女性基本統計量')
12 print(describe_f)
```

表示しろ　変数describe_m
表示しろ　文字列「女性基本統計量」
表示しろ　変数describe_f

読み下し文

1. pandasモジュールを取り込め
2. 文字列「chap6_data.csv」と引数encodingに文字列「utf-8」を指定してCSVを読み込み、
3. 変数df0に入れろ
4. 変数df0の「sex」列を変数col_sexに入れろ
5. 変数df0から「col_sex列が文字列「M」と等しい」行の「point」列を突き止めて変数col_point_mに入れろ
6. 変数df0から「col_sex列が文字列「F」と等しい」行の「point」列を突き止めて変数col_point_fに入れろ
7. 変数col_point_mの基本統計量を求めて変数describe_mに入れろ
8. 変数col_point_fの基本統計量を求めて変数describe_fに入れろ
9. 文字列「男性基本統計量」を表示しろ
10. 変数describe_mを表示しろ
11. 文字列「女性基本統計量」を表示しろ
12. 変数describe_fを表示しろ

```
=========== RESTART: C:¥Users¥ohtsu¥Documents¥furipyBig¥chap6_5_1.py ===========
男性基本統計量
count    53.000000
mean      2.735849
std       1.677348
min       0.000000
25%       1.000000
50%       3.000000
75%       4.000000
max       5.000000
Name: point, dtype: float64
女性基本統計量
count    47.000000
mean      2.063830
std       1.292188
min       0.000000
25%       1.000000
50%       2.000000
75%       3.000000
max       5.000000
Name: point, dtype: float64
```

男性と女性が縦並びだと見比べにくいですね。横並びにできませんか？

DataFrameオブジェクトを連結する

describeメソッドの戻り値は1列の表、つまりSeriesオブジェクトです。そのため、DataFrameオブジェクトやSeriesオブジェクトを連結するconcat（コンカット）関数で横並びにすることができます。

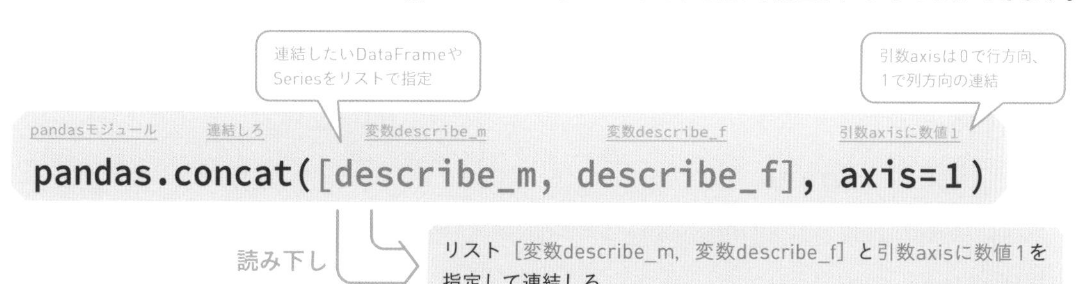

2つのSeriesオブジェクトの列名はどちらもpointなので、単純に連結すると「point」という列が2つできてしまいます。Seriesオブジェクトのnameプロパティで列名を「male」と「female」に変更します。

■chap6_5_2.py

```
1  import pandas
2  df0 = pandas.read_csv(
3      'chap6_data.csv', encoding='utf-8')
4  col_sex = df0['sex']
5  col_point_m = df0.loc[col_sex == 'M', 'point']
6  col_point_f = df0.loc[col_sex == 'F', 'point']
7  describe_m = col_point_m.describe()
8  describe_m.name = 'male'
9  describe_f = col_point_f.describe()
10 describe_f.name = 'female'
```

```
11 describe = pandas.concat([describe_m, describe_f],
12                                  axis=1)
13 print(describe)
```

変数describe 入れろ pandasモジュール 連結しろ 変数describe_m 変数describe_f
引数axisに数値1
表示しろ 変数describe

読み下し文

1 pandasモジュールを取り込め
2 文字列「chap6_data.csv」と引数encodingに文字列「utf-8」を指定してCSVを読み込み、
3 変数df0に入れろ
4 変数df0の「sex」列を変数col_sexに入れろ
5 変数df0から「col_sex列が文字列「M」と等しい」行の「point」列を突き止めて変数col_point_mに入れろ
6 変数df0から「col_sex列が文字列「F」と等しい」行の「point」列を突き止めて変数col_point_fに入れろ
7 変数col_point_mの基本統計量を求めて変数describe_mに入れろ
8 変数describe_mの名前に文字列「male」を入れろ
9 変数col_point_fの基本統計量を求めて変数describe_fに入れろ
10 変数describe_fの名前に文字列「female」を入れろ
11 リスト[変数describe_m, 変数describe_f]と引数axisに数値1を指定して連結し、
12 変数describeに入れろ
13 変数describeを表示しろ

```
=========== RESTART: C:/Users/ohtsu/Documents/furipyBig/chap6_5_2.py ===========
            male     female
count  53.000000  47.000000
mean    2.735849   2.063830
std     1.677348   1.292188
min     0.000000   0.000000
25%     1.000000   1.000000
50%     3.000000   2.000000
75%     4.000000   3.000000
max     5.000000   5.000000
>>>
```

うむむ、女性評価のほうが平均値が低くて、標準偏差も小さい……

最頻値を求める

describeメソッドでは表示できない統計量に、最頻（さいひん）値がある。これらもpandasのメソッドで求められるんだ

最頻値はもっともよく出現する値のことで、平均値とはまた異なる特徴を表す代表値です。mode（モード）メソッドで求められます。次のサンプルは6行目まではchap6_5_2.pyと同じです。

■chap6_5_3.py

```
……前略……
7  mode_m = col_point_m.mode()      # 変数mode_m 入れろ 変数col_point_m 最頻値を求めろ
8  mode_f = col_point_f.mode()      # 変数mode_f 入れろ 変数col_point_f 最頻値を求めろ
9  print('男性')                    # 表示しろ 文字列「男性」
10 print(mode_m)                    # 表示しろ 変数mode_m
11 print('女性')                    # 表示しろ 文字列「女性」
12 print(mode_f)                    # 表示しろ 変数mode_f
```

複数の最頻値が出ることもある（星1と星5が同数など）ので、結果はSeriesオブジェクトになります。下図では「0　　4」「0　　1」となっていますが、左の0はインデックスなので、男性の最頻値は4、女性の最頻値は1です。

```
=========== RESTART: C:¥Users¥ohtsu¥Documents¥furipyBig¥chap6_5_3.py ===========
男性
0    4
dtype: int64
女性
0    1
dtype: int64
>>> 
```

他にもいろいろなメソッドがあるので、興味のある方はpandasの公式ドキュメントを参照してください。

- **Seriesオブジェクトのメソッド一覧**
  https://pandas.pydata.org/docs/reference/series.html

NO 06

ヒストグラムで傾向を分析する

より詳しい状況を知るために、ヒストグラムを作ってみよう！　あれ？　何か元気がないね

実は「女性人気が高い」という結論のレポートを、事前に書いちゃってたんですよ。書き直さないと……

それはしかたないね！　ちゃんとしたレポートを作るためにも、ヒストグラムで傾向をつかもう

ヒストグラムを作る

ヒストグラムは日本語では度数分布図といい、データをいくつかの階級に区分けし、それぞれに属する値の数を棒グラフで示したものです。平均値や標準偏差だけではとらえにくい、値の散らばり具合を視覚化することができます。

pandasではhist（ヒスト）メソッドでヒストグラムを作成できます。「男女」などの基準でグループ分けしたい場合は引数byを指定し、引数binsで階級の数を指定します。

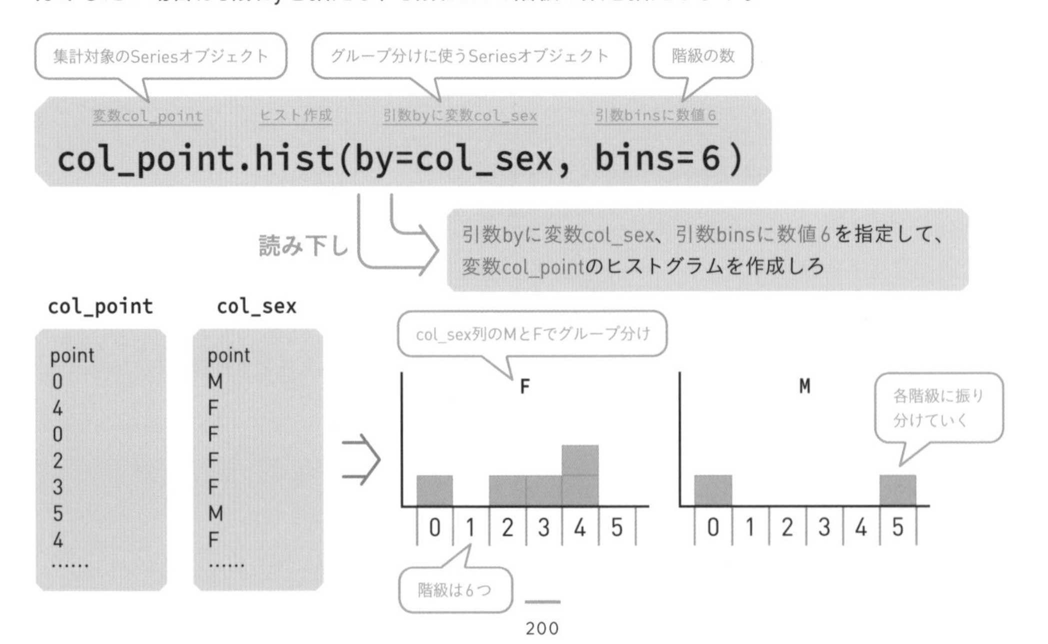

グラフを作るためにmatplotlibを使用するので、それをインポートしてpltという別名を付けます。pyplotモジュールのshow関数でグラフを表示します。今回はグラフの表示を調整するために、histメソッドに引数rangeを追加して横軸の範囲が-0.5〜5.5となるよう指定しています。

■chap6_6_1.py

```
import␣pandas
import␣matplotlib.pyplot␣as␣plt
df0 = pandas.read_csv(
    'chap6_data.csv', encoding='utf-8')
col_sex = df0['sex']
col_point = df0['point']
col_point.hist(by=col_sex, bins=6, range=(-0.5, 5.5))
plt.show()
```

（コード注記）
1 取り込め pandasモジュール
2 取り込め matplotlibパッケージ pyplotモジュール として 変数plt
3 変数df0 入れろ pandasモジュール CSVを読み込め
4 文字列「chap6_data.csv」 引数encodingに文字列「utf-8」
5 変数col_sex 入れろ 変数df0 文字列「sex」
6 変数col_point 入れろ変数df0 文字列「point」
7 変数col_point ヒスト作成 引数byに変数col_sex 引数binsに数値6 引数rangeにタプル(-0.5, 5.5)
8 変数plt 表示しろ

読み下し文

1 pandasモジュールを取り込め
2 matplotlib.pyplotモジュールを取り込み、pltという別名を付けろ
3 文字列「chap6_data.csv」と引数encodingに文字列「utf-8」を指定してCSVを読み込み、
4 変数df0に入れろ
5 変数df0の「sex」列を変数col_sexに入れろ
6 変数df0の「point」列を変数col_pointに入れろ
7 引数byに変数col_sex、引数binsに数値6、引数rangeにタプル（-0.5, 5.5）を指定して、変数col_pointのヒストグラムを作成しろ
8 グラフを表示しろ

実行するとグラフのウィンドウが表示されます。グラフのウィンドウが小さいと目盛りが一部省略されてしまうので、見やすくなるまでウィンドウを広げましょう。

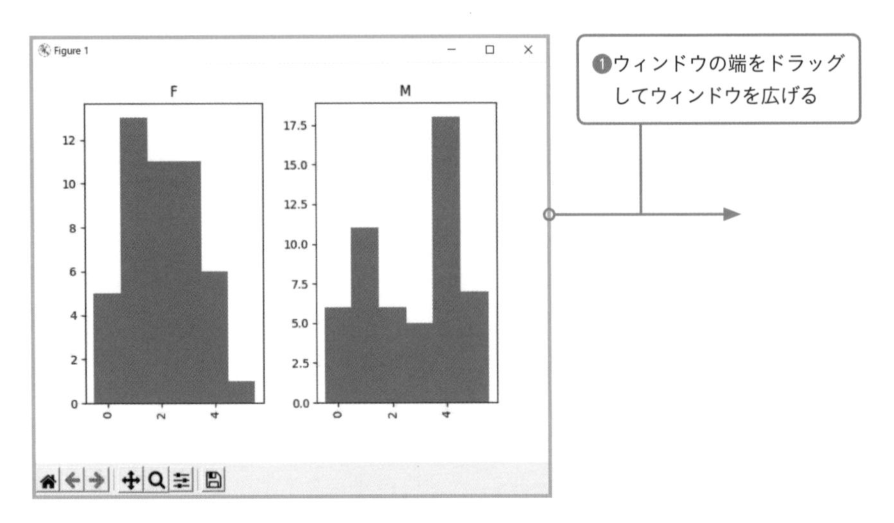

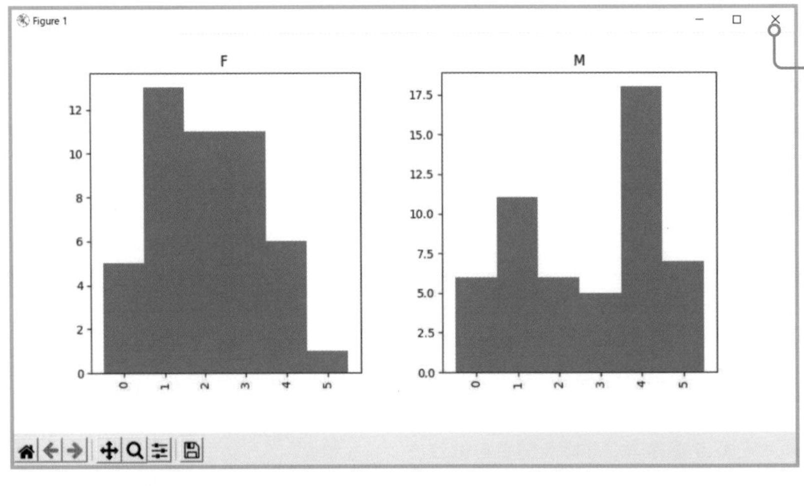

❷見終えたらウィンドウを閉じる

このヒストグラムから何が見て取れるかな？

女性の評価は星1が一番多くて、星2、3あたりに集まっていますね。男性の評価は星4が一番多くて、次が星1ですか

そうだね。つまり女性の評価は残念ながら低めに集まっている。一方、男性の評価は賛否が分かれていて、プラス評価のほうが多い

なるほど。視覚的に納得できますね

ヒストグラムを保存する

このヒストグラムをレポートに貼りたいので、画像でください！

ヒストグラムを画像として保存するには、plt.show関数の代わりにplt.savefig関数を実行します。引数はファイル名の文字列またはPathオブジェクトです。

■chap6_6_2.py

```
……前略……
   変数plt  画像を保存しろ  文字列「chap6_hist.png」
8  plt.savefig('chap6_hist.png')
```

読み下し文

8 文字列「chap6_hist.png」を指定してグラフを画像として保存しろ

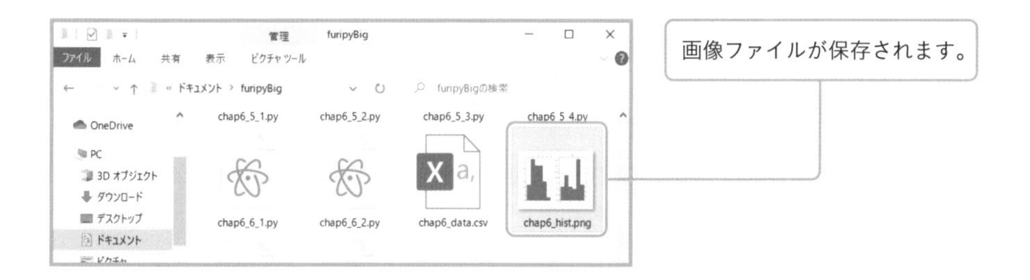

画像ファイルが保存されます。

日本語のデータを表示するには

pandasやmatplotlibの初期設定は日本語に対応していないため、日本語を含むデータを表示すると、列がくずれたり文字化けしたりします。インポート文のあとに、日本語設定を行う処理を加えてください。

pandasとmatplotlibの日本語対応設定

```
from matplotlib import rcParams
rcParams['font.family'] = 'sans-serif'
rcParams['font.sans-serif'] = ['Hiragino Maru Gothic Pro', 'Yu Gothic']
pandas.set_option('display.unicode.east_asian_width', True)
```

あとがき

2018年に「プログラム（ソースコード）にふりがなを振る」というアイデアからスタートしたふりがなプログラミングシリーズも、さまざまな言語で刊行した末に、おかげさまでPython編が改訂の運びとなりました。

プログラミングに限らず、はじめて何かを学ぶときは、一度説明されたこともすぐにわからなくなってしまいがちです。そこを解消するために、プログラムの上に「ふりがな」という形で繰り返し説明し続けるというのが、本シリーズの基本コンセプトでした。ただ、プログラムが長くなるとふりがながうるさくなって読みにくくなるという声もありました。そこで、『増補改訂版』では版型を大きくしてプログラムの折り返しを減らし、ふりがなの文字を少し小さくして、長いプログラムが読みやすくなるよう調整してみました。

長いプログラムを掲載しやすくなったのですから、せっかくですから何かPythonらしいことをやってみたいですね。その目的で新たに追加したのがChapter 6「データ分析に挑戦してみよう」です。顧客アンケートをテーマに、簡単な統計値の算出やヒストグラムの作成を行っています。

本書を読み終えた皆さんにおすすめしたいのが、本書のサンプルよりも長いプログラムに、自分でふりがなを振ってみることです。Web上で公開されているプログラムでもいいですし、他のプログラミング入門書のサンプルでもかまいません。

読み解くポイントは、まず「予約語」「変数」「関数・メソッド」「演算子」「引数」などの種別を明らかにすることです。文字で書き込んでもいいですし、マーカーで色分けしてもいいと思います。そのあとで、言語のリファレンスページなども見ながら、わかるところにふりがなを書き込んでいきます。100%ふりがなを入れなくても、だいたいの処理の流れはつかめるはずです。

プログラミングは頭脳労働ではありますが、スポーツと同様に、経験や慣れ、反復練習も大きな効果があります。自分でふりがなを振ってみることで、理解が深まるとともに反射的な読解力が鍛えられます。

本書が皆さまのプログラミング入門のよい入り口となれば幸いです。

最後に監修のビープラウド様をはじめとして、本書の制作に携わった皆さまに心よりお礼申し上げます。

2021年6月　リブロワークス

索引 | INDEX

本書サンプルプログラムのダウンロードについて

本書で使用しているサンプルプログラムは下記の本書情報ページからダウンロードできます。
zip形式で圧縮しているので、展開してからご利用ください。

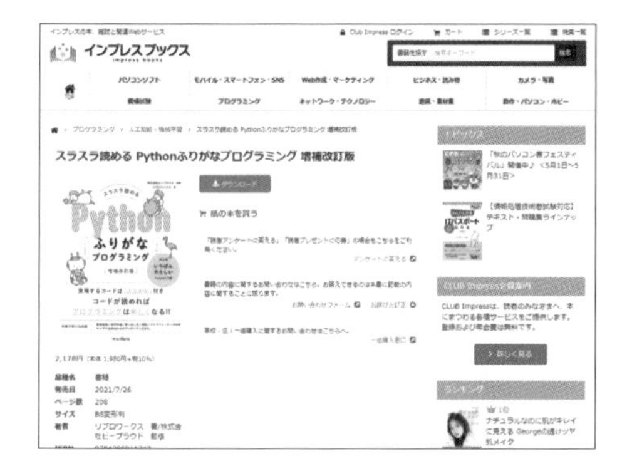

●本書情報ページ
https://book.impress.co.jp/books/1120101181

1 上記URLを入力して本書情報ページを表示
2 

をクリック
画面の指示にしたがってファイルをダウンロードしてください。
※Webページのデザインやレイアウトは変更になる場合があります。

本書のご感想をぜひお寄せください

https://book.impress.co.jp/books/1120101181

読者登録サービス

アンケート回答者の中から、抽選で図書カード（1,000円分）などを毎月プレゼント。当選者の発表は賞品の発送をもって代えさせていただきます。
※プレゼントの賞品は変更になる場合があります。

STAFF LIST

カバー・本文デザイン	松本 歩（細山田デザイン事務所）
カバー・本文イラスト	加納徳博
DTP	関口 忠、株式会社リブロワークス
校正	聚珍社
デザイン制作室	今津幸弘、鈴木 薫
制作担当デスク	柏倉真理子
企画	株式会社リブロワークス
編集・執筆	大津雄一郎（株式会社リブロワークス）
編集長	柳沼俊宏

■商品に関する問い合わせ先

このたびは弊社商品をご購入いただきありがとうございます。本書の内容などに関するお問い合わせは、下記のURLまたは二次元バーコードにある問い合わせフォームからお送りください。

https://book.impress.co.jp/info/

上記フォームがご利用いただけない場合のメールでの問い合わせ先
info@impress.co.jp

※お問い合わせの際は、書名、ISBN、お名前、お電話番号、メールアドレスに加えて、「該当するページ」と「具体的なご質問内容」「お使いの動作環境」を必ずご明記ください。なお、本書の範囲を超えるご質問にはお答えできないのでご了承ください。

●電話やFAXでのご質問には対応しておりません。また、封書でのお問い合わせは回答までに日数をいただく場合があります。あらかじめご了承ください。
●インプレスブックスの本書情報ページ https://book.impress.co.jp/books/1120101181 では、本書のサポート情報や正誤表・訂正情報などを提供しています。あわせてご確認ください。
●本書の奥付に記載されている初版発行日から3年が経過した場合、もしくは本書で紹介している製品やサービスについて提供会社によるサポートが終了した場合はご質問にお答えできない場合があります。

■落丁・乱丁本などの問い合わせ先

FAX：03-6837-5023
service@impress.co.jp

※古書店で購入された商品はお取り替えできません。

スラスラ読(よ)める Python(パイソン)ふりがなプログラミング 増補改訂版(ぞうほかいていばん)

2021年7月21日　初版発行
2023年9月11日　第1版第5刷発行

監　修　株式会社(かぶしきがいしゃ)ビープラウド
著　者　リブロワークス
発行人　小川 亨
編集人　高橋隆志
発行所　株式会社インプレス
〒101-0051　東京都千代田区神田神保町一丁目105番地
ホームページ　https://book.impress.co.jp/
印刷所　株式会社広済堂ネクスト

ISBN978-4-295-01174-3 C3055
Printed in Japan